개정판

가족문제

개정판

가족문제

이정숙 지음

교문사

개정판 머리말

2000년 「가족문제」를 발간할 때에도 우리의 '가족'은 현대사회의 극심한 혼란과 변화 속에서 다양한 변화를 겪고 있었다. 그러한 가족의 변화는 가족의 고유한 기능과 역할을 변화 또는 상실시키기도 했었다. 이에 가족의 의미와 기능을 살펴보고, 가족 내에 발생하고 있는 가족문제를 긍정적으로 해결하고, 건강한 가족 형성을 도모하기 위하여 「가족문제」를 펴냈었다. 그동안 많은 대학과 대학원을 비롯해 가족의 의미를 되새겨보고자 하는 뜻을 지닌 여러 강단, 단체에서 이 책을 만나 볼 수 있었다.

우리 삶에 있어서 우리 '가족'은 여러 가지 문제 속에서 몸살을 앓고 있는 상황이다. 현대 사회의 변화는 하루가 다르게 진행되고 있으며 이러한 사회의 변화는 인간에게 황폐함과 고독감을 주고, 인간에 대한 신뢰와 사랑을 앗아가고 있다. 또한 사랑과 믿음, 수용과 인내로 가득 차야할 가족의 구조 및 기능 역시 퇴색되고 있다. 가족이 혈연을 중심으로 하는 사랑하는 사람들의 정서적 관계에서 대화 부족과 물질중시로 인한 갈등관계로 변모한 것이다. 이러한 가족의 상황을 치유하지 않으면 가정파탄과 가족해체로 이어지고 사회적 문제로 연결된다. 이에 가족 본연의 모습과 역할이 무엇인지, 다양한 가족문제가 어디에서 연유했는지를 살펴보고 우리의 가족이 나아가야 할 방향을 제시하고자 한다.

본 책에서 좀 더 추가한 내용으로는

첫째, 가족의 유형을 보다 심도 있게 다루었다. 급격한 사회변화로 인해 가족 유형이 보다 다양해졌다. 이러한 가족 유형의 변화는 가족의 크기, 규모, 형태, 관계, 기능의 다양한 변화를 수반하고 있다. 본 개정판에서는 이러한 가족의 변화 양상을 다각적인 접근 방식을 통해 살펴보고자 한다. 특히 근래에 들어 새롭게 형성된 장애인 가족이나 한부모 가족과 같이 기존의 가족과는 다른 기능을 수행하는 가족 형태를 추가하여 살펴보고 있다.

둘째, 부모-자녀 관계에 관한 내용을 첨가하였다. 현 우리 사회에는 아동 · 청소년의 문제행동이 날로 다양해지고 심각해지고 있다. 이러한 현실에서 아동 · 청소년 문제행동을 해결하고 예방하기 위한 차원에서 부모-자녀 관계의 방향성을 제시해보고자 한다.

본 책을 통해 가족문제가 단숨에 해결되고 극복될 수만 있다면 얼마나 행복한 일이겠는가. 필자는 그 행복한 소망을 위해 현대사회에서의 가족의 변화, 가족 문제의 발생원인, 사랑과 결혼의 의미, 가족 구성원들 간의 관계, 가족문제와 그 해결책을 살펴보고자 한다. 이로써 가족 구성원의 유대관계를 강화시키고, 사회적응 훈련을 경험해보는 시간을 통해 건강한 가정을 만들 수 있는 성숙한 인격을 형성하는 기회를 만들고자 한다.

이 책을 엮기 위해 바쁜 엄마 곁에서 묵묵히 제 할일을 열심히 해내는 한준, 형준이와 가족에게 감사의 마음을, 자료 재정리에 애써준 안윤영에게 감시의 말을, 교문사 류제동 사장님께 감사의 뜻을 드린다.

2006년 2월

이정숙

머리말

인간의 삶의 과정은 시대의 상황에 따라 변천되어 왔으며, 개인의 지식과 문화가 융화되어 사회 발전을 도모해 왔다. 농경사회에서 산업사회 그리고 지식정보화 사회로 급격히 발전하는 과정에서 문화 인류학적으로 인간의 성(性)에 대한 인식도 달라져 가고 있다. 이러한 변화 속에서도 전통적으로 가정은 모든 사랑이 싹트는 근원이자, 세상을 내다보는 창이며 인생의 선생님 역할을 해왔다.

그러나 현대사회는 무분별한 성의 개방과 선정적 상업주의로 인해 부부와 가족관계는 큰 변화와 갈등을 겪고 있다. 급증하는 이혼과 독신 그리고 미혼모 문제, 그에 따른 계부모 관계, 성문제, 가정폭력과 갈등 등으로 인해 많은 현대인들이 사회부적응을 일으키고 있으며, 특히 청소년들의 탈선이 심각한 문제를 불러일으키고 있다. 가정내의 애정결핍과 무책임, 향락 산업의 발달과 성의 상품화 경향은 개인과 가족의 가치창조를 무기력하게 하고 있다. 경제적 부의 격차로 인한 가정의 파탄과 소비문화 패턴 속에서의 몰가치적 인간관계는 점점 고립되어가고 황폐화되고 있으며, 그로 인한 인간 신뢰의 상실은 삶의 가치를 퇴색시키고 있으며 삶의 허무주의에 빠져들게 하고 있다.

가정은 천천히 익는 과일과 같이 인내와 온유, 용서와 관용 그리고 사랑이 넘치는 곳이어야 한다. 부자유친(父子有親), 부부유별(夫婦有別)과 같은 윤리적 보편성이 거의 숙명적으로 받아들여지던 전통적 사회와는 달리 지식 정보화 시대라 불리는 작금, 개방된 사회 시스템은 개인의 희생과 가족 성원간의 유대를 약화시키고 있다.

가족의 사랑을 통해 남을 용서하고 사랑하는 법을 자녀들에게 자연스럽게 가르쳐야 한다. 그럼에도 불구하고 가족의 갈등으로 인해 마음의 상처를 입고 미움과 증오를 익히게 된다면 그것은 사회의 잠재적 파괴성을 내포하여 가족문제의 심각성으로 드러날 수 있다.

화목한 가정은 인류공동체의 기본틀로서 건전한 가정만이 자녀를 사랑이 충만하고 사회에 헌신하는 인격체로 올바르게 양육할 수 있다. 또한 부부간의 유대는 당사자간의 관계도 중요하지만 자녀의 양육과 대화를 통해 부부관계가 더욱 굳건히 결합되고 유지될 수 있다. 따라서 대화를 통해 가족 성원간의 동질성을 회복하고 믿음과 사랑으로 변화에 적응하고 갈등을 해소하여야 한다. 그러므로 결혼의 의미, 부모와 자녀, 사랑과 성, 조화로운 사회적응과 가정교육을 통한 자아성찰로 성숙된 인격을 갖추는 계기가 마련되어야 하겠다.

이 책에서는 가족문제를 강의하면서 자신의 문제가 무엇인지 자신이 어떤 사람인지를 다시 한번 정리할 수 있는 시간을 제공하기 위해 동적가족화(KFD), 가계도 등을 각 단원마다 마련하여 보았다. 좀 더 세부적으로 언급하여 보면, 제1장은 가족문제를 알기 위한 과정으로 대화부족인 우리의 현장 - 부친부재를 다루어 보았고, 제2장에서는 가족문제를 일으키는 원인인 부모의 양육태도, 부모의 양육환경 등을 살펴보았으며, 제3장에서는 이성관계에 관심이 많은 청년들의 성에 관한 고찰, 제4장 · 5장은 결혼하여 살면서 부부갈등이 일어날 수 있는 상황과 이를 해결하기 위한 방안인 대화방법에 대해서 설명하였다. 또한 가정의 해체 현상으로 나타나는 재혼가족, 이혼가족, 맞벌이 가족에 대해서 서술하고 요즈음 증가추세에 있는 맞벌이 가정에서 파생될 수 있는 가정문제와 자녀문제, 그리고 이혼가정에서의 자녀문제 등을 다루어 보았다. 광범위한 가족 문제를 기술하다보니 연구되어지지 못한 부분이 무척 많았음을 아쉬운 과제로 남겨두어야 할 것 같다.

이 책을 엮기 위해 바쁜 맞벌이 엄마 곁에서 잘 자라는 한준, 형준이와 가족에게 감사하고, 자료 수집과 정리에 애써준 이현, 전숙영, 김윤희, 고인숙에게 감사하며, 교문사 류제동 사장님께 깊은 감사를 드린다.

2000년 9월

차 례

제 1 장 현대사회와 가족

1. 현대사회에서의 가족의 기능
2. 현대사회에서의 가족의 변화

제1장

현대사회와 가족

1. 현대사회에서의 가족의 기능

현대사회의 급격한 변화는 사람들에게 긴장과 적응의 곤란을 가져다주었으며, 이로 인해 가족의 기능이 변화했고, 여러 가지 가족 내·외적인 문제가 발생하게 하였다. 이러한 변화의 원인은 17세기 산업혁명이 우리들의 물질문화에 근본적인 변화를 일으킨 데 있다. 즉, 산업혁명 이전에 사람들은 자급자족을 하며 자연과 개인간의 관계를 맺으며 생활했다. 그러나 산업혁명은 기계화된 공장과 도시 또는 자본가와 노동자의 관계를 만들어 냈고, 사회의 구조를 변화시켰으며, 나아가 인간간계의 기초를 변화시켰다. 사회나 기술의 급속한 진보에 끌려서 개인생활의 긴장 역시 매우 높아져 갔다. 기술의 진보는 생산의 증대와 더불어 대량 소비의 사회를 가져왔으며, 기계에 밀려난 실업자를 증가시켰다. 더구나 최근 인터넷의 초고속 통신망의 발전은 인간들의 사고방식, 생활패턴 자체를 송두리째 변화시키고 있는 실정이다.

이러한 급속한 사회의 변화에 대한 부적응이 바로 현대의 사회문제인 것이다. 급속한 진보는 가족 안과 밖에서 정신적 갈등과 부적응, 범죄 및 이혼을 증가시켰다. 가정의 안락함과 따뜻함은 점차 사라지고, 그저 식사나 하고 잠이나 자는 장소가 되어버린 현대사회의 가정에서 사람들은 가정생활의 행복을 즐길 수 없고 오로지 변모하는 사회에 적응하기위해서만 노력했다. 이러한 가정에는 이미 행복은 없다. 경제적으로 풍요로운 상류층이라 하더라도 행복한 부부관계, 부모 자녀관계를 유지하기란 어렵다. 즉, 우리는 가정에서조차 친밀감과 개인생활의 행복을 영위하지 못하게 된 것이다.

하지만 오늘날 현대인들은 사회 속에서의 적응에 대한 긴장으로 인해 오히려 가정의 애정적 기능을 예전보다 더 중요시하고 있다. 산업사회 이전에 가정은 경제적 공동체였기 때문에 가정의 애정기능보다는 경제적 기능을 보다 중요시 하였다. 즉, 사랑이 기반이 되지 않았어도 결혼생활을 유지할 명목이 있었던 것이다. 그러나 현대사회에서의 가정이 갖는 경제적 기능은 소비 위주로 변모하였기 때문에 애정적 기능을 무엇보다도 중요시한다. 그렇기 때문에 사랑이 식으면 쉽사리 이혼의 길을 택하게 되고 그에 따라 이혼율이 증가추세에 있다. 또한 현대에 있어서 여성의 사회 참여가 증가하고 여성도 경제적 독립성을 갖는 경향으로 변화함에 따라 가정생활의 개인화 경향이 강해졌다. 즉, 가정의 애정적 기능을 담당하던 여성의 사회참여는 모든 가족구성원들이 가정을 유지시키는 데 역시 역할변화가 있어야 한다는 것을 의미하는 것이다.

1) 변모하는 부부관계와 성생활

현대사회는 부부관계에서 많은 변화를 요구한다. 즉, 부부는 예전의 상하관계가 아닌 동등한 인생의 동반자라는 인식과, 이를 위해 서로가 적합하게 만들어 나갈 것을 요구한다. 그렇기 때문에 성격이 맞지 않는다는 이유는 현대사회에서 이혼을 증가시키는 주된 요인이 되었고, 이는 다시 결혼생활에서 애정을 중요시하는 가치관이 원인이 되기 때문이다. 그러나 부부 적합의 요구에는 문제가 있다. 자기와 성격이 완벽하게 맞는 짝은 이 세상에 존재하지 않는다. 부부가 서로 성격이 잘 맞아야 결혼생활을 행복하게 할 수 있다는 것 자체가 잘못된 믿음이다. 아무리 성격이 잘 맞는 배우자를 선택했다 하더라도 결혼은 현실이기 때문에 갈등과 부적합이 생길 수밖에 없다. 그러므로 서로가 얼마나 적응하고 이해하려 노력하는가가 결혼생활의 성공에 중요한 요인이 되는 것이다.

한편, 부부간의 성적 부적응으로 인한 이혼율이 높아지고 있는 것도 현대 부부관계의 특징이다. 현대사회에 있어서 부부관계에서의 성은 예전과 같이 자녀 출산의 목적에만 있는 것이 아니라 성 그 자체가 결혼생활의 목적이 되고 있다. 따라서 결혼생활에 있어서 성의 문제는 과거에 비해 큰 비중을 차지하게 되었다.

또한 부부간의 성에 대한 태도도 많은 변화를 가져왔다. 자녀 출산도 1~2명에서 그치고 있으며, 무자녀 가족도 증가추세에 있다. 무자녀 가족인 경우는 이혼의 결정이 보다 쉽기 때문에 결국 이혼율 증가와도 관련이 된다. 또한 혼전 성교와 혼외정사 역시 증가하고 있어 결혼생활의 갈등 원인이 되고 있다.

2) 대화의 복잡성

현대사회에서 대화의 복잡성은 가정의 생명력을 약화시킨다. 즉 가정, 사랑, 자녀양육, 친밀감 그리고 나눔과 같은 말들에 대한 정확하고 보편적인 이해가 없다. 따라서 사람들 사이에서 대화의 관계가 복잡해진다. 남편과 아내가 서로 다른 배경에서 태어나 서로 다른 성장과정을 경험하는 것에 이르기까지, 수많은 것들이 부부의 대화를 어렵게 만든다. 현대사회에는 겉으로 보기에 끝이 없어 보이는 친밀감의 추구가 있다. 그러나 이것은 서로가 공유하는 경험들이 없기 때문에 공허를 채워보려는 시도들에 불과하다.

한편, 가정 내에서도 십대를 둔 부모들은 자녀와의 대화에서 세대 차이를 심각하게 느끼게 된다. 즉 청소년 문화의 출현과 더불어 등장한 새로운 말들이 생겨나게 되었고, 따라서 청소년들 사이의 대화의 복잡성을 이해하기 위해서는 청소년 문화들이 존재한다는 사실과 그들 각각은 자신들만의 대화유형을 발전시키고 있고 또 대부분이 비언어적이라는 사실을 알아야 한다.

대화를 지나치게 기교에 의존하게 되는 것은 가정대화의 복잡성에 대한 일반적인 반응이다. 부부의 대화와 가족들의 대화방법에서 기교에 초점을 맞추어 대화의 질을 떨어뜨리는 경우가 많다. 진정한 대화를 나누기보다는 그저 말장난에 그치는 수도 많다. 가족간에 대화의 복잡성을 유도하는 또 다른 경우는 대화를 위한 대화를 나눈다는 것이다. 그러므로 많은 부모들은 자녀에게 가정의 규칙들과 가치들을 설명할 필요를 느낀다. 그러나 이러한 대화를 생활의 자연스러운 한 부분으로 함께 나누기보다는 오히려 토론을 위한 시간을 따로 마련해 둔다. 그렇게 되면, 본질적으로 가정의 대화는 더 이상 일상적인 활동이 아니라 현대 가정의 또 하나의 과제가 된다. 부모들은 가정의 규칙이나 가치들이 적용되어야 할 상황들이 생길 때마다 자녀들에게 이를 설명해주는 것이 낫다. 대화가 가정 관계의 발전이라는 공통된 경험들 속에서 이루어진다면 대화는 크게 개선될 수 있다.

3) 아버지에 대하여

아버지는 무한함 힘을 가지고 있다. 이 점에 있어서는 이론의 여지가 없다. 좋은 것이든, 나쁜 것이든, 함께 있든 없든, 적극적으로든, 수동적으로든, 학대를 하든, 잘 양육을 하든 간에 아버지는 이 세상에서 가장 위력 있는 존재 중의 하나라는 사실만큼은 변하지 않는다. 하지만 현대사회에서는 모두 그런 것은 아니지만 아버지의 힘이 점차 약해지고 있는 경향이 있다. 많은 남성들의 경우 영향력 있는 아버지로서의 역할이 감소되었거나 심한 경우 완전히 상실되었다. 결혼생활의 파탄과 이혼 가정의 자녀가 급격히 늘어난 것과 더불어 오늘날 아동의 60% 정도가 적절한 아버지 모델 상이 없이 어린 시절을 보내고 있는 것으로 추산되고 있다(Wade Horn, 1995).

현대사회에서 적절한 아버지 역할을 할 수 없는 데는 근본적으로 다음과 같은 이유가 있다(Ken, 1996).

첫째 미래에 대한 비전의 상실. 오랫동안 우리사회는 잘 살아보자는 것에만 초점을 맞추어 왔으나 지금은 그렇지 않다. 결국 현재의 행복이 인생 모든 것을 다 걸고 추구해야 할 목표가 되어 버렸다. 이런 현상이 우리 자녀들의 필요보다도 개인의 행복을 우선하게 만들어 놓은 것이다.

둘째 우선순위의 상실. 가정보다는 일을 통해 자신의 정체감을 확인하려는 아버지들이 늘고 있다. 그들은 업적을 쌓고 월급을 받으며 높은 지위를 얻는 것이

곧 훌륭한 사람이 되는 것인 양 착각하고 있다.

셋째 헌신과 책임감의 상실. 가족을 위한 희생은 더 이상 최고의 선이 아니며, 가족에 대해 무책임한 아버지들이 점차 늘고 있다.

넷째 공동체 의식의 상실. 개인주의가 팽배해지고 있으며, 가족은 한 배를 탄 공동체라는 의식 역시 약화되고 있다.

오서슨(Sam Osherson, 1995)은 '아버지 노릇이라는 것은 단순한 역할제공자, 훈련자, 친구가 되는 것이 아니라, 그것은 하나의 관계이다. 그 관계는 우리의 자녀들은 물론이고 우리들까지도 변화시키는 그런 관계이다'라고 하였다.

2. 현대사회에서의 가족의 변화

1) 가족 규모의 축소

현대사회의 가족의 변화는 외형적으로 가족 규모의 축소를 들 수 있는데, 여성의 출산율 감소로 인하여 평균 가족수가 감소하여 가족의 규모가 축소되는 현상을 보이고 있다. 가족수 감소의 원인은 이와 같은 출산조절정책 외에 도시화로 인한 가족 분화와 핵가족화 현상, 농가 자녀의 도시 이동이 늘어나면서 가족으로부터의 독립, 마지막으로 가족 결손이나 가족 해체로 인한 단독 가구의 증가도 가족당 가족 인원수를 감소시킨 요인의 하나이다.

이러한 가족 크기의 변화는 가족 형태의 변화에도 영향을 미치게 되어 3,4세대 가족은 감소하고 부부와 자녀로 구성된 2세대 가족이 증가하고 있다. 이외에 자녀가 없는 부부나 노인 부부만으로 구성된 1세대 가족 등이 증가하면서 가족의 단순화는 갈수록 그 폭이 늘어나고 있는 추세이다.

이와 같은 가족수의 감소와 부부 중심의 핵가족화 양상은 노부모 부양기능의 감소와 조부모와 손자녀간의 기능 약화, 자녀 양육 등 여러 가지 가족적·사회적 문제를 증가시킬 것으로 보인다.

2) 가족 형태의 다양화

3,4세대 가족에서 핵가족으로 가족 형태가 단순화되는 변화와 더불어 새롭게 출현하고 있는 다양한 가족 형태에 주목할 필요가 있다. 다양한 가족 형태는 사회변화에 따른 현대인의 다양한 생활 방식과 요구를 반영한 것이라 볼 수 있다. 기존의 가족 형태에서부터 새롭게 출현하고 있는 다양한 가족의 형태를 몇 가지 제시하면 다음과 같다.

(1) 편부모 가족(한부모 가족)

부부 중 어느 한쪽의 사별, 이혼 및 별거, 미혼모 등으로 인한 편부나 편모와 그 자녀로 구성된 가족을 말한다. 이혼율과 미혼모의 증가로 자녀만 데리고 사는 여성 즉 편모가족이 증가하고 있으며, 편부도 소수이긴 하지만 증가하는 추세이다.

편부모 가족은 과거의 확대가족에서 제공하던 친족의 지원을 받을 수 있는 가능성이 감소되었기 때문에 사회문제가 되고 있다. 이들은 경제적 문제와 자녀 양육문제, 한쪽의 결핍된 부모역할 등으로 인해 어려움을 겪게 된다. 이러한 실생활상의 여러 문제와 더불어 편부모 가족은 이상적인 가족에 대한 일반적인 이미지로 인해 어려움을 겪기도 하고, 사회적 차별대우로 인해 고통 받기도 한다. 때문에 최근 들어 이러한 편부모 가족에 대한 잘못된 시각을 바로잡기 위해 '한부모' 가족이란 용어를 쓰자는 움직임도 제기되고 있다.

(2) 재혼 가족

재혼한 성인과 그들 중 한쪽 또는 양쪽의 자녀들로 이루어진 가족을 말한다. 재혼 가족은 가족의 발달과정에서 계부모들은 그들의 새로운 부부관계뿐 아니라 의붓 자녀들과의 관계에서 어려움을 겪게 된다. 자녀들 또한 전 부모와의 감정 정리나 교류, 계부나 계모와의 관계 형성, 다른 의붓 형제와의 적응 문제 등으로 인해 심리적 갈등을 겪게 된다. 이러한 어려움과 문제를 극복하기 위해서는 재혼 가족 구성원 모두가 이를 장기적인 과제로 받아들이고 서로에 대한 관심과 사랑을 토대로 새로운 관계를 형성하고자 노력해야 한다.

재혼 가족이 오늘날 점차 보편화되어 가는 추세에서 재혼 가족의 자녀문제, 아동 학대 등이 사회문제로 대두되고 있는 것도 주목해야 한다.

(3) 무자녀 가족

남녀가 결혼을 하면 자녀를 출산하는 것이 당연시되던 시대가 지나가고 점차 출산여부도 부부가 선택하는 경향을 보이고 있다. 과거에는 불임이나 사고로 인한 비자발적인 무자녀 가족이 주된 관심이었으나, 점차 자발적인 무자녀 가족이 증가하고 있다. 자발적인 무자녀 가족은 의도적으로 자녀를 갖지 않는 형태로 여성의 취업 증가와 교육수준, 생활수준의 향상을 그 원인으로 들 수 있다. 자발적인 무자녀 가족은 이미 결혼 전에 자녀를 갖지 않겠다는 약속을 하고 결혼을 하는 경우와 자녀 갖기를 연기하다가 그 생활에 익숙해져 자녀를 갖지 않는 경우가 있다. 이러한 경향은 부부가 직업을 가지고 있거나, 자녀 때문에 생기는 개인적·사회적·경제적 불편을 감수하지 않고 자신과 부부간의 관계에만 충실하겠다는 결심에서 나타난다. 이는 부모-자녀 관계의 의미가 약화되고 부부 중심의 생활의 강조와 구속받지 않는 각자의 생활에 대한 개인주의적 욕구를 반영한 것이라 볼 수 있다.

그러나 무자녀 가족은 자녀 출산에 대한 사회적 압력을 받기도 하므로 이를 극복하는 것이 중요하고, 자녀 없이 부부간의 결속력을 강화시킬 수 있는 방법도 모색되어야 한다.

(4) 독신자 가족

독신자가 되는 것은 처음부터 독신을 선택한 경우와 결혼 후에 선택하는 경우를 들 수 있다. 독신 생활을 선택하게 되는 요인으로는 긍정적 요인과 부정적 요인이 있다. 부정적인 요인은 상대방과의 관계에서 오는 문제로 자연스럽지 못하고 얽매여 있다는 감정이 드는 경우이다. 반면 긍정적인 요인은 사회적인 경력을 쌓을 수 있는 기회가 용이하고, 자립하고자 하는 욕구나 활동하고자 하는 욕구와 자유롭게 변화하는 생활을 추구하기가 수월하다는 것이다(유영주 외, 1995). 현대사회에서 결혼은 의무가 아니라 선택이라는 경향을 보이고 개인의 성취를 위해 생활하고자 하는 욕구들이 증가하면서 독신 가족도 자연스러운 선택으로 수용되고 있다.

(5) 동거 가족

합법적인 절차에 의해 가족을 구성한 것은 아니지만 사실혼관계에 있는 가족으로서 법적 혼인신고를 하지 않은 가족이다. 동거 가족은 자녀를 가질 수 있고 정조의 의무 등에 문제가 있으면 법적인 절차는 요청할 수 있다.

동거의 이유는 공동 기거나 취사, 성욕 충족과 정서적 친밀감의 충족, 경제적 협력 등이다. 동거는 구혼기간으로 결혼을 위한 준비일 수 있고, 전통적인 결혼을 대신하는 형태일 수 있다.

과거에는 동거 가족이 사회에서 잘 수용되지 않았으나 현대에는 이를 공식적으로 인정하는 추세를 보이고 있다. 특히 프랑스에서는 1978년 "결혼하지 않고 함께 사는 부부는 결혼한 부부와 동류로 간주한다"라는 법률이 제정되었다. 즉, 동거 가족은 결혼한 부부와 똑같이 사회의 각종 제도나 복지 혜택을 받을 권리가 보장된 것이다.

우리나라의 동거 가족 조사에 의하면(박숙자, 1990) 주로 저소득층 가족의 동거가 증가하고 있으며, 경제적인 이유와 외로움을 덜 수 있다는 이점에서 동거를 선택한다고 한다. 그러나 동거를 선택하는 이유가 다양함에서 볼 수 있듯이 동거 가족은 복잡한 절차를 거치지 않고 단순히 가족 관계를 원하는 젊은 세대들이 주로 선택하는 형태이다.

(6) 공동체 가족

다양한 가족 형태가 증가하고 가족의 기능 수행에 여러 문제가 나타남에 따라, 가족의 생활 형태를 유지하면서 집단 속에서 경제적 문제, 자녀 양육문제 등을 극복하기 위한 대안으로 공동체 거주가 제안되고 있다.

이스라엘의 키부츠, 몰몬교의 공동체 생활 등이 대표적인 것으로 가족의 기능이 가족내에 있기보다 분산되어 공동으로 실시되거나 전문기관에 이양된 형태이다. 이러한 공동체 가족은 자녀 양육 등에 있어 가족의 기능을 보완해 줄 수 있는 점도 있지만 사생활 존중 문제나 생산과 사유재산의 범위에 대한 갈등도 배제할 수 없다.

우리나라의 공동체 가족은 하나의 공통적인 가치관이나 이념, 종교 등을 기초로 하여 가족생활을 영위해 가는 것으로 자녀 양육은 보편적 가족에서 이루어지고 있는 대로 교육하지만 생산적인 활동은 공동체 안에서 이루고 있다(유영주, 1995).

(7) 동성애 가족

다양한 가족 형태 중에 동성의 관계에 의해 가족을 이루는 동성애 가족은 가장 많은 논쟁을 불러 일으켰다. 동성애가 어떻게 생겨나느냐 하는 것은 2장의 애정의 성장과정에서 보다 자세하게 다루어지겠지만, 최근의 가족의 기능의 변화가 가장 주요한 원인으로 지적되고 있다. 이혼가족이나 한부모 가족이 증가하면서 인간의 발달학상 성정체성을 획득해야 하는 시기에 적절한 부모 역할의 부재로 인하여 적절한 성역할 모델을 구하지 못하게 되는 경우가 그 원인이 된다고 할 수 있겠다. 또한 자녀 수가 줄게 되고 맞벌이 가족이 증가하면서 아동이 일찍부터 조기 교육으로 내몰리게 되면서 충분한 놀이 문화를 경험하지 못하게 되는 것 역시 원인으로 지목되고 있다. 아동은 '놀이'를 통하여 동성 부모의 여성적, 남성적 성격특성을 내면화하고 부모의 가치와 특성을 채택하는 연습을 하게 되는데, 최근 이러한 놀이문화의 부재로 인하여 성정체성의 문제를 야기하여 동성애자가 된다는 주장도 주목할 만하다.

동성애가 증가하면서 이들은 동성애 가족을 하나의 가족 형태로 인정받기 위해 목소리를 높이고 있다. 이에 따라 지금까지는 동성애를 비정상적인 애정 형태로 보고 사회적으로 받아들여지지 않았으나, 성애에 대한 선택적 개념이 발달하고 생리적으로 이성애에 대한 부정적인 경우가 있음을 수용해 감에 따라 동성애 커플을 가족의 한 형태로 인식하는 경향이 증가하고 있다(유영주 · 김경신 · 김순옥, 1996).

(8) 수정확대 가족

부모와 자녀 가족이 각기 별개의 가구를 마련하지만 근거리에 살면서 실제로는 한 집과 같은 왕래와 협조를 하며 사는 것을 의미한다. 이 방식들은 절충적인 방법으로서, 양측의 사생활을 비교적 방해하지 않고 자녀들에게 큰 부담을 주지 않으면서 친밀한 유대관계를 이루고자 하는 것이다. 그러나 우리나라에서는 시가 근처에 거주하면서 시부조의 간섭과 영향을 받는 가부장적인 특성이 있으므로 이를 극복하기 위해서는 자녀와 부모 세대의 경제적 · 정신적 독립이 우선되어야 한다.

(9) 수정핵 가족

외형상으로는 한 울타리 안에 거주하지만 내용적으로 안채, 바깥채, 혹은 위층, 아래층에 살면서 한 끼 정도는 다같이 식사하지만, 아침 식사는 각기 하는 등 어느 정도는 각자의 사생활을 유지하며 동거하는 방식이다.

이와 같은 가족 형태는 여성의 취업이 증가하면서 자녀 양육의 문제와 노인 부양의 문제를 안고 있는 현재 사회에서 가족의 기능과 가족관계의 역동성 등이 충분히 연구되면 우리사회에 충분히 정착될 수 있는 좋은 모델이 될 수 있을 것이다.

(10) 다문화 가족

다문화 가정 또는 다문화 가족은 세계화에 따른 국제적 장벽이 약화되어 국제결혼이 비교적 자유로워지면서 생겨나게 되었다. 한국에서의 다문화 가정은 우리와 다른 민족 또는 다른 문화적 배경을 가진 사람들이 포함된 가정을 총칭하는 용어이다. 이 용어는 '국제결혼가정', '혼혈아' 등 차별적 이고 부정적인 이미지를 해소하기 위해 2003년 건강시민연대가 제안하여 현재까지 사용되고 있다. 한국의 다문화 가족 증가 배경은 편중된 성비례로 인해 결혼하지 못하는 남성의 수요가 급증하면서 한국 여성들이 요구하는 결혼 조건을 충족시키지 못하는 남성이 저개발국의 여성을 선택하는 경우가 많아지면서 나타나기 시작하였다. 또한 정보화, 세계화에 따라 국제결혼에 대한 인식과 가치관이 바뀌고, 저임금 외국인 노동자의 고용정책으로 외국인의 한국으로의 이주가 많아지면서 증가하게 되었다.

2030년도가 되면 다문화 가족이 20% 이상으로 증가하여 우리나라는 다문화국가의 위치에 서게 된다(통계청, 2010). 결국 우리나라에서 다문화 가족은 더 이상 소수가 아니라는 점이다. 국제결혼가족의 자녀의 현황을 보면, 현재 초등학생의 비율이 80% 이상으로 압도적으로 차지하고 있다. 즉 지금 초등학생인 다문화 가족 학생들이 청장년층이 되는 20~30년의 상황에서 다문화 청장년층의 증가를 예상할 수 있다. 다시 말해 가까운 미래에 다문화 가족의 자녀들은 우리나라에서 소수가 아닌 다수의 입장이 될 것이다. 이제 우리는 다문화가족을 이해하고 아우르는 사회 환경을 조성해야 한다. 우리 사회는 빠르게 다문화, 다원화 되어 가고 있으며 적극적으로 이들을 사회의 일원으로 받아들이는 것이 궁극적으로는 우리를 위한 길이 될 것이다.

이상에서 살펴보았듯이 사회의 변화만큼이나 가족의 형태도 다양해졌으며, 이는 사회가 계속 변화함에 따라 미래사회에는 더욱 다양한 가족형태가 출현할 가능성이 있음을 내포하는 것이다. 어떠한 형태로든 가족은 존재하고 그 사회에 맞게 적응해 갈 것이며 이에 따라 가족의 기능과 관계도 다양한 양상을 보일 것이다. 그러므로 각각의 가족형태의 특성을 올바르게 이해하고 그 특성에 따라 개인과 가족의 질을 향상시킬 수 있는 방법을 모색하는 것이 중요하다고 하겠다.

쉼 터

당신을 포함해서 당신의 가족 모두에 대해서, 무엇인가를 하고 있는 그림을 그려보세요. 만화나 막대기 같은 사람이 아니고 완전한 사람을 그려주십시오. 무엇이든지 어떠한 행위를 하고 있는 그림을 그려야 합니다. 당신 자신도 그리는 것을 잊어서는 안됩니다.

제 2 장 가족문제 발생원인

1. 애정의 성장과정
2. 의사소통
3. 자아방어기제와 성격이상

제 2 장

가족문제 발생원인

대부분의 사람들은 행복한 가정을 꾸리기를 원하지만 복잡한 현대사회 속에서 행복한 가정을 꾸려나가기란 여간 어렵지가 않다. 즉, 긍정적이며 건강한 가족 관계를 유지하고 발전시켜 나가는 데는 많은 노력과 기술이 필요한 것이다.

이 장에서는 가족문제를 발생시키는 근본적인 원인에 대한 고찰을 위하여 다음의 3가지 측면을 알아보고자 한다. 즉 각 개인이 발달시키는 애정의 성장과정에서의 문제점과 가장 중요한 양육환경이라 볼 수 있는 부모환경, 그리고 이로 인해 형성된 자아방어기제와 성격 이상의 측면에서 가족문제의 근본적 원인을 살펴보고자 한다.

1. 애정의 성장과정

잘못된 사랑으로 이루어진 불행한 결혼으로 인해 문제 가정이 생기고 문제 아동이 생기게 된다. 이런 의미에서 문제의 요인이 된 가정적 요인을 살피기 위해서 먼저 애정의 심리가 어떤 것인지 설명하기로 한다.

1) 유·아동기 애정의 발달

정신분석에서 말하는 유아기는 탄생에서부터 4, 5세까지를 말하며 부모자녀관계를 중심으로 한 가족구성원의 관계에 있어서 애정을 주고받는 형태 등, 성인기 애정생활의 원형이 될 수 있는 것이 형성되는 시기이다.

(1) 자체애

정신분석학에 있어서 갓 태어난 신생아는 완전한 자체애적 경향으로 지배되는 존재로 보고 있다. 즉 신생아는 욕망을 호소하면서 울고, 욕망이 충족되면 자아는 전적으로 신체적 쾌·불쾌의 감각만으로 반응하는 본능적 존재로서 리비도가 아직도 자기 내부에만 머물고 있어, 진정한 의미로서의 심리라고 말할 수 있는 대인적 교섭이 나타나기 이전의 정신단계이다.

(2) 자기애

신생아는 신체적 쾌·불쾌의 경험을 반복하게 됨으로써 얼마 있지 않아서 쾌·불쾌를 체험하는 주체로서 자기의 존재를 희미하게나마 의식하게 된다. 여기에 자기애라고 불리 우는 상태가 생긴다. 자기애란 글자 그대로 자기 전체를 사랑의 대상으로 하는 경향으로 자신감이 이 시기의 유아에 상응하는 심리이다. 이 시기의 유아의 자신감을 말로 표현한다면 '나의 욕망은 자연히 충족되기로 되어 있다', '나는 누구에게도 사랑 받는 존재이다'라고 할 수 있다. 이 시기의 유아는 가족의 따뜻한 애정 속에서 자연스럽게 자기애를 체험한다는 것은 장래에 자존감이나 자신을 발전시켜 나갈 수 있는 씨앗으로서 건전한 인격이 만들어지기 위한 필수적인 요소라고 할 수 있다.

(3) 동성애

유아는 자아의 현실 인식이 커짐에 따라 점차로 자기애에 환멸을 느끼게 되어 이번에는 자기와 같은 경향의 매력적인 동성을 좋아하고 이 동성에 강하게 끌리는 넓은 의미의 동성애 경향을 볼 수 있는 시기에 들어간다. 이 경우 유아의 대상이 되는 동성은 남아에게는 가정 안에 있는 아버지나 형이고 여아에게는 어머니나 언니가 된다. 유아에 있어 부모나 연상의 형제자매는 신체적으로나 능력면에 있어서 그들보다도 훨씬 강력하고 매력적인 존재이기 때문이다.

(4) 이성애

유아가 3,4세경이 되면 자연히 양친의 성적 차이나 사회적 차이를 명확하게 느끼게 됨에 따라서 이성으로서의 부모에게 강하게 끌려 그 애정을 기대한다는 이성애의 단계에 들어간다. 이 시기에 유아가 이성 부모를 사모하는 감정은 마치 연애 심리와 같은 것으로서 심리학적으로 볼 때 첫 사랑에 해당한다고 할 수 있다.

따라서 이 시기의 부모의 인상이 인생에 있어서 최초로 애정을 느낀 이성으로서 오랫동안 유아의 무의식 속에 정착해서 성인이 되어서의 애정생활 특히 어떤 이성에게 마음이 끌리거나 하는 애정의 대상을 선택하는데 결정적인 영향을 끼친다.

(5) 오이디푸스기

남아는 이성으로서 어머니를 독점하기 위해 동성의 아버지와 경쟁을 하려고 하지만, 동성의 아버지의 애정도 기대하고 있기 때문에 오히려 아버지를 경원한다는 모순적 심리가 발생하게 되는 것이다. 프로이드는 이 시기를 인간이 필연적으로 만나게 되는 인생최초의 심각한 애정 갈등기라고 하였다.

(6) 잠재기와 갱집단

가정내의 부모의 애정에서 가정 외의 친구와 놀거나 학습하는데 흥미의 초점이 되는 시기이다. 이 시기는 본능적 충동이 또다시 강력하게 출현하는 사춘기의 전단계로서, 유아기에 겪었던 본능적 여러 발달들이 아동의 내면에 정착해서 성격의 기초가 형성되는 시기로서 성격 형성상 매우 큰 의미를 가지고 있다.

2) 청소년기 이후의 애정의 발달

잠재기를 지나 11, 12세경에 시작되는 사춘기에 들어가면 신체적 성숙과정이 일어나 남녀의 신체적 성 차이가 뚜렷하게 나타나는 동시에 남자는 몽정, 여자는 초경이라는 생리현상을 시작하게 된다.

지금까지는 성욕의 출현이 사춘기에 있다는 것이 통념으로 되어 왔으나, 정신분석학에서는 성욕현상을 성욕동(sexual drive)과 성기성 욕동(genital drive) 두 개로 나누기 때문에 사춘기가 되어 비로소 발달하는 것은 생식과 연결된 성기성 욕동이라고 본다. 그리고 생식과는 일단 별개로 성적 쾌감을 추구하는 성욕동은 이미 유아기의 자체애적 발달로서 나타나고 있다. 이것으로 청년기의 성욕의 출현이 유아기의 자체애적 경향이나 대상애적 경향의 발달단계와 동일경향을 따라 출현하는 것이라는 것을 이해할 수 있을 것이다.

(1) 자 위

사춘기의 성욕은 먼저 자체애적 경향의 증가로서 자위란 현상이 나타나게 된다. 사춘기의 자위는 어느 정도까지 발달단계에 수반되는 자연현상이지만 지나친 자위행위에 몰두할 경우 건전한 대상아의 발달을 저해하므로 자위 자체가 문제라기보다는 자위에 정착하는 성격의 내재적 경향을 주의 깊게 보아야 한다.

(2) 자기애

이 시기는 지식이나 생활경험이 확대됨에 따라서 자기과시나 자기주장의 경향이 두드러지게 눈에 띈다. 그 결과 자기를 꾸미는 것에 신경을 쓰게 되는데 '이성을 끌려는' 본래의 멋 부리기의 의미보다는 자기도취적 성격이 강하다고 할 수 있다.

(3) 우 정

동성애적 경향의 간접적인 표출로서 우정이 나타난다. 청년기의 우정에서 보이는 특징은 보다 전인격적이고 완전한 동일화를 추구한다는 것이다. 또한 자기애적 독점욕이나 자기중심성이 보이기도 한다. 청년기의 친구와의 접촉은 지금까지의 부모에게 의존적이었던 자아나 초자아에서 벗어나 하나의 독립된 인격체로서 자아나 초자아를 형성하고, 건전한 사회적 관계를 맺을 수 있게 도와준다.

(4) 연 애

사춘기적 변화가 어느 정도 안정이 되기 시작하면 청년의 자아는 가족 외의 이성애적 대상을 찾게 된다. 이 시기의 이성에 대한 관심은 지금까지 겪어온 각 단계에서 경험한 애정의 발달과정에 따라 다를 것이다. 즉 유아기에 있어서 부모, 형제자매 등과의 관계에서 형성된 기본적인 애정감정 그리고 성장함에 따라서 얻은 생활경험이나 지적경험 등으로 형성된 애정관에 의해 독자적인 애정관을 갖게 된다.

2. 의사소통

가족간 의사소통의 중요성은 항상 강조되고 있지만, 가족은 친밀하고 편한 관계라는 속성으로 말미암아 의사소통에 대해 소홀해 지는 경우가 많다. 그러나 많은 가족문제가 역기능적 의사소통으로 인하여 생겨나고 있으며 그 상처도 깊다. 따라서 가족뿐 아니라 모든 사람들과의 관계에서 가장 기본이 되는 의사소통에 대한 올바른 이해는 가족갈등을 줄이고 가족문제를 해결해주는 데 도움이 될 것이다.

1) 의사소통의 개념

의사소통이란 인간이 상호작용하고 그 관계를 지속시키기 위해서 자기 자신의 의사나 내면의 감정을 다른 사람에게 알리고 다른 사람으로부터 정보나 감정을 받아들이는 과정을 말한다. 또한 의사소통은 인간에 대한 이해를 증진시키며 다른 사람과의 관계에서 반영적 자아를 인식하여 자기 개념을 명확하게 파악하는 기회를 제공해 주기도 한다.

이러한 의사소통은 말을 하는 화자와 그 화자가 전달하고자 하는 메시지, 그리고 그 메시지를 전달받는 청자로 이루어지며, 이 때 그 메시지를 주고받는 상황에서 언어와 비언어를 적절하게 일치시켜 전달하는 것이 중요하다. 그러나 화자와 청자가 상황과 일치하지 않는 언어와 비언어들을 부정확하게 주고받게 되면 상호의 의도가 정확하게 전달되지 않음으로써 의사소통에 문제를 야기하게 되고, 이는 곧바로 관계의 문제를 발생시키게 된다.

건강한 가정은 가족 성원들이 분명한 의사소통망을 성립하고 유지하며, 의사소통을 통하여 긍정적인 피드백을 주고받으며 관계를 유지하고 발전시킨다. 반면 문제 가족은 의사소통시 상대방의 의견을 경청하거나 긍정적인 반응을 하지 않으며 간접적이고 애매모호하며 정직하지 못한 피드백을 한다.

2) 의사소통 유형

가족은 친밀함을 언어적, 비언어적으로 표현하며, 이 표현 방식이 반복되면서 각각의 의사소통 방식이 결정된다. 따라서 효과적인 의사소통 방법을 이해하는 것은 가족관계의 질을 향상시킬 수 있는 한 방법이라 하겠다.

의사소통 형태에 대한 분류는 학자마다 다양하다. 사티어(V. Satir, 1991)는 오랜 임상 경험을 통해 사람들이 스트레스에 대처하는 공통 방법을 발견하고 이를 다음과 같은 회유형, 비난형, 초이성형, 산만형, 일치형의 5가지 의사소통 유형으로 분류하였다(송정아 · 최규련, 1997). 이 중 일치형을 제외한 네 가지 유형은 역기능적인 의사소통에 해당하는데, 각 유형을 구체적으로 살펴보면 다음과 같다.

(1) 회유형

상대방이 화내지 않게 하려는 유형으로 상대방의 기분을 맞추려고 애쓰고, 사과하고 결코 반대하지 않으며, 아무 일도 아닌 것처럼 말하며, 자기 스스로는 아무 일도 할 수 없는 듯이 말한다. 한마디로 'yes man'이다. 다른 사람과의 상호작용 하는 상황을 존중하고, 타인의 요구는 들어주지만, 자기 자신의 가치나 감정은 무시한다.

'모두가 내 잘못이다', '당신을 행복하게 하기 위해 여기 있다' 등의 말을 주로 하며, 너무 착한 행동으로 애걸하고 양보한다. 신경과민이나 우울증 경향이 있다. 소화기관의 고통이나 위장애, 변비에 시달릴 수 있다.

(2) 비난형

자신을 강하게 보이려는 유형으로 상대방의 결점을 발견하여 비난하고, 독재자나 우두머리로서 행동하며, 목소리는 딱딱하고 날카롭고 크다. 다른 사람을 무시하고 자신만을 생각하는 유형이다. 자신을 방어하기 위하여 타인을 비난하며, 자신이 힘이 있는 강력한 사람으로 인식되기를 원한다. 비난하는 말이나 공격적인 행동을 보인다.

'모두가 다 네 탓이야', '제대로 하는 게 없구나' 등의 말을 주로 하며, 심판적이고, 명령하는 듯한 말투를 주로하며, 우두머리이고자 한다. 편집증이나 이탈행동을 주로 하며, 고혈압이나 혈액순환의 문제를 주로 가지며, 변비, 천식에 시달릴 수 있다.

(3) 초이성형

다른 사람과 자신의 감정을 거부하며 어떤 감정도 내보이지 않고, 매우 이성적이며 냉정하고 차분하며 침착하다. 객관적이고 합리적인 의사소통 패턴을 선택하려고 애쓴다. 경직되고 냉담한 감정과 권위주의적인 행동양상을 나타낸다. 추상적인 언어를 사용하며, 목소리는 건조하고 단조롭다. 계산형이라고도 한다.

'나는 외롭다'라는 말보다 '오늘은 적막하다'라는 식의 객관화시킨 말을 주로 하며, 조직적이고 합리적인 행동을 강요한다. 냉정함을 최우선으로 하며, 상처받기 쉽고 고립된 느낌을 내적으로 가지고 있다. 강박증상이나 반사회적 심리를 가지고 있으며, 심장마비나 척추 통증을 느낄 수 있다

(4) 산만형

주제와는 관계없는 말, 일관성이 없는 말, 뜻이 통하지 않는 요점이 없는 말을 나열하며, 초점에 맞게 반응하지 못한다. 타인의 말이나 행동과는 무관하게 말을 한다.

난처할 때 농담하며, 횡설수설하고 딴청을 잘 피운다. 눈 깜박이기, 다리 흔들기, 머리카락 만지기 등의 안절부절 행동을 많이 하며, 당뇨병이나, 위장병, 편두통 등을 호소할 수 있다.

(5) 일치형

자신과 타인, 상황 모두를 존중하며 신뢰한다. 대화가 개방적이고 변화에 대하여 융통적이며, 일치된 말과 정서를 사용하고, 현재의 메시지를 일관성 있게 정확하게 전해 준다. 내면의 느낌을 그대로 언어에 반응하며, 표현의 흐름이 분명하다. 창조적인 행동을 하며 건강도 좋다.

3) 가족의 의사소통 형태

가족은 상호관계가 지속적으로 이루어지는 집단이며 가족내 의사소통 역시 가족 구성원 상호작용의 일부로 가족마다 또는 가족 구성원 관계마다 독특한 양식으로 형성, 유지, 변화된다. 이때 어떤 가족은 비교적 언제나 일정한 의사소통 유형으로 고정될 수도 있고, 또 어떤 가족은 다양한 의사소통 유형을 사용할 수도 있다. 가족의 의사소통 형태는 다음과 같은 몇 가지 유형으로 분류되며

유형마다 각각의 특성을 가지고 있다(Galvin & Brommel, 1982: Sears, Freedman & Peplau, 1985).

(1) 사슬형

사슬형은 양쪽 끝에 위치하는 가족 구성원은 한 구성원하고만 의사소통을 하고, 중간에 위치한 가족 구성원들은 두 가족 구성원과 의사소통 하는 유형이다. 사슬형에서는 권위에 따른 위계적 체계가 있으며, 양쪽의 가족 구성원은 다소 격리 되었다고 볼 수 있다. 그리고 사슬형은 가족 모두가 바빠서 가족원들이 함께 할 시간을 만들기 어려운 경우에는 효과적으로 사용될 수 있지만, 어떤 문제는 누구에게만 이야기하고 누구에게는 이야기해서는 안된다는 의사소통 규칙이 적용되기도 한다.

(2) 원 형

원형은 사슬형과 유사하나 사슬형의 가장자리에 있는 가족구성원간에 의사소통이 되는 유형이다. 모든 가족구성원은 각각 양옆에 해당되는 가족구성원과 의사소통을 하지만 다른 사람과는 의사소통이 잘 안되며, 모든 가족구성원의 상태는 평등하다.

(3) Y 형

Y형은 메시지가 한 가족구성원을 통하여 한 가족구성원 혹은 둘 이상의 가족구성원에게 전달되는 유형이며, 자녀를 데리고 재혼하는 가족에서 흔히 볼 수 있는 형태이다. 사슬형, 원형과 함께 Y형은 메시지가 한 가족구성원에게서 다른 가족구성원에게로 전달되면서 왜곡되어질 수 있고 선별되거나 전달자의 마음대로 메시지를 바꿀 수도 있어 가족 충돌을 감소시키기도 하지만 메시지가 잘못 전달되기도 한다.

(4) 바퀴형

바퀴형은 중심이 되는 한 가족구성원은 모든 가족구성원과 의사소통을 할 수 있으나 나머지 모든 가족구성원은 중심이 되는 가족구성원과만 의사소통을 하는 유형이다. 한 가족구성원만이 모든 가족구성원과 의사소통을 하기 때문에 그 사람은 가족의 기능 수행에 있어서 중요하게 된다. 그래서 의사소통의 부담이 크고 집중적으로 될 때는 중심이 되는 가족구성원에게 어려움이 발생하기도 하지만, 가족구성원의 메시지를 긍정적으로 여과시켜 가족구성원을 친밀하게 단합시킬 수도 있다.

(5) 완전통로형

완전통로형은 모든 가족구성원들 간에 양방향으로 의사소통이 이루어지는 유형으로 의사소통이 모든 방향으로 이루어지고 피드백을 최대한 활용한다. 완전통로형은 가족구성원모두가 동등하게 참여하는 것이 가능한 한편 모든 방향으로 메시지가 흐르기 때문에 비조직적이고 혼란스러워질 수도 있다.

이상의 다섯 가지 유형 이외에도 대부분의 가족들은 일상생활에서 의사소통의 여러 유형을 사용하므로 특수한 상황에서는 다른 유형들이 형성될 수 있다. 가족의 의사소통 형태는 가족 이외의 의미 있는 타인, 즉 가족 중의 한 사람 또는 그 이상과 친밀한 관계를 맺고 있는 사람의 참여에 의해서도 영향을 받을 수도 있으며 이렇게 되면 그 타인과 관계를 맺은 가족구성원의 의사소통 역할이 커진다. 또한 가족의 의사소통 형태는 자녀가 성장함에 따라 변화될 수 있으며 가족 내에서는 의사소통 형태와 관련하여 하위집단이나 동맹관계가 발생하기도 한다.

4) 효과적 의사소통

효과적 의사소통 즉, 효과적인 말하기와 듣기에 공통적으로 바탕이 되는 세 가지 인격적 특성이 있다. 첫 번째는 따뜻함으로, 다시 말하면 수용적 태도라 할 수 있겠다. 상대방의 변화를 요구하거나 비판하는 대신에 그 사람의 생각과 감정과 행동을 있는 그대로 수용하는 것이다. 두 번째는 순수함이다. 순수함은 어떻게 말하는가의 문제이다. 즉 대화방법에 있어 말투, 비언어적 행동, 눈과 자세를 통해 순수한 자신을 보여주는 것이다. 세 번째는 공감으로, 상대방의 관점에서 사물이나 상황을 보는 것이다. 상대방을 충분히 이해하기 위해서는, 감정과 이성, 그리고 동정심과 분석력을 함께 동원해야 한다.

그러나 의사소통은 서로의 관계 속에서 이루어지는 것이기 때문에 서로의 인격에 대한 존중이 필요하고 이를 위해 따뜻하고 순수하며, 공감적인 자세가 필요하다. 이 세 가지 인격적 특성 외에도 효과적인 의사소통을 위한 몇 가지 규칙이 필요한데 이를 자세히 살펴보면 다음과 같다.

(1) 효과적으로 말하는 방법

① 자기 자신에 대해 인식한다

자신의 감정, 사고, 욕구가 무엇인지 스스로 인정하는 것이 먼저 필요하다.

② 자기 자신에 대해 말한다

나를 주어로 말한다. 너를 주어로 말하게 되면 상대방의 방어심리를 자극하여 거부감을 갖게 하기 쉽다.

③ 직접적인 의사소통을 한다

직접적인 의사소통이란 자신이 말하고자 하는 것을 명확하게 전달하는 것으로 직선적인 의사소통과 다르다.

④ 독백이 아닌 대화를 하도록 한다

의사소통이란 상호작용에서 나오는 것으로 일방적인 대화란 있을 수 없다. 자신이 말하고 난 뒤, 상대방의 의견과 생각을 질문하여 적극적인 대화를 유도한다.

(2) 효과적으로 듣는 방법

① 상대방에게 관심을 집중한다

상대방의 말을 잘 듣는 것은 대화의 효율성을 높일 뿐만 아니라 관계를 증진시키는데 필수적인 요소가 된다. 적극적으로 관심을 집중하는 것 자체가 상대방을 배려한다는 메시지이기 때문이다.

② 비언어적인 메시지를 잘 해독한다

의사소통이란 언어적 의사소통만을 의미하는 것이 아니다. 상대방의 얼굴과 몸의 움직임 등의 비언적 의사소통 역시 언어적 의사소통만큼 중요하다. 특히 언어적, 비언어적 메시지가 일치하지 않을 때는 대부분 비언어적 메시지가 진실을 말한다.

③ 상대방을 인정한다

이는 무조건 상대방이 옳다고 동의해야 한다는 것을 의미하지는 않는다. 즉, 상대방이 겪은 경험이나 생각을 인정하여 상대방으로 하여금 이해와 수용의 감정이입을 느끼게 하는 것이다.

④ 피드백(feed-back)을 한다

듣는 것은 수동적인 행동이 아니다. 효과적인 듣기란 적절한 피드백이 필요하다. “알아!”, “그래, 그랬구나”, “그거 재미있는데”와 같은 맞장구는 대화에 도움을 준다.

⑤ 충고는 제한한다

상대방의 경험을 바꾸려고 하거나 자신의 생각에 동의하도록 설득하거나 충고하는 것은 자제하도록 한다. 충고가 꼭 필요하다고 생각하면 먼저 상대방의 경험을 인정하고 존중한 이후에 진심을 다해 하는 것이 바람직하다.

⑥ 질문을 할 때는 개방적으로 한다

개방질문은 상대방에게 대답을 할 수 있는 많은 선택을 주기 때문에 효과적이다. 반대로 폐쇄적인 질문은 대답을 제한하거나 지시적 응답을 하게 한다.

☞ 잠깐 생각해 봅시다

의사소통 때문에 주위 사람들과 갈등을 빚은 적이 있습니까? 의사소통의 장애요인 중 어떤 것이 원인이었습니까?

3. 성격에 영향을 미치는 요인

가족문제의 발생 원인은 여러 가지 측면에서 찾아 볼 수 있다. 특히 가족 구성원들의 성격특성과 이에 대한 이해 부족이 문제발생의 원인이 되기도 하고 심지어는 문제를 보다 심화시키는 요인이 된다. 이러한 성격특성은 한 개인이 환경과의 적응에서 주로 어떠한 방어기제를 사용하느냐와 열등감이나 분노의 조절 등으로 설명될 수 있는데, 방어기제란 이러한 적응의 과정에서 야기되는 불안의 위협을 감소시키기 위한 무의식적 적응을 말한다. 물론 환경과의 상호작용 속에서 누구나 다 방어기제를 사용하게 되지만, 어느 한 가지를 과도하게 사용하는 경우 성격이상으로 발전할 수 있다.

따라서 자신과 가족구성원들이 주로 사용하는 방어기제를 인식하고 이를 이해한다면, 서로간의 성격을 이해하는데 도움이 될 뿐 아니라 가족원들 사이의 갈등을 줄이고 원만한 관계를 유지하는데 도움이 될 수 있을 것이다.

1) 자아방어기제

자아방어기제란 물리적·사회적 환경사이에서 적절한 관계를 유지하면서 개인의 내부에 있는 욕구를 충족시키고 균형을 유지하기 위한 무의식적인 감정적 적응을 뜻한다. 이런 기제를 사용하는 것 자체는 결코 이상이 아니며 누구나 많건 적건 이 기제에 의해 사회 환경에 적응하고 있다. 그러나 방어기제는 현실의 문제를 해결하는 것이 아니라 무의식적 차원의 적응을 위한 것이기 때문에 이 기제를 과도하게, 장기간에 걸쳐 사용한다면 심각한 부적응의 문제에 빠질 수 있다.

(1) 억압(Repression)

가장 흔히 사용되는 기제로, 사회가 승인하지 않는 충동적인 욕구를 무의식적으로 억압해서 안정을 유지하려 하는 것을 말한다. 그러나 억압된 욕구는 무의식에 남아 있게 되어 갈등을 일으키는 원인이 된다. 일반적으로 인간의 강력한 원초적 충동인 성욕, 파괴적인 공격성, 증오, 불안이나 공포를 불러일으키는 고통스러운 경험 등이 억압의 대상이 된다. 누구든지 이 사회에서 관계를 유지하며 생활해 나가기 위하여 적절한 억압을 사용하게 된다. 하지만 억압이 지나치게 강하면 심적 긴장을 초래하여 인격불안정에 빠지게 되어 신경증, 히스테리 등의 신경증을 유발하기도 한다.

(2) 퇴행(Regression)

퇴행은 발달의 초기단계로 되돌아가거나 더욱 단순한 또는 유아기적 표현을 하는 것이다. 즉, 안전하고 즐거웠던 이전단계의 발달단계로 후퇴함으로써 불안을 완화시키는 방어기제이다. 성인들에게서 쉽게 볼 수 있는 퇴행의 형태는 화내는 것, 입 내미는 것, 말 안하는 것, 물건 파괴하기 등 권위에 도전하는 것이다.

(3) 반동형성(Reaction-Formation)

의식 속에서 받아들일 수 없는 못마땅한 충동에 대한 억압을 계속 유지하며, 그와 반대되는 행동을 의식적 차원으로 표현하는 것을 반동형성이라 한다. 예를 들어 증오나 공격적 욕구를 감추려는 정반대 행동으로 지나친 친절을 보인다든가, 강한 성욕을 의식해서 불안한 여성이 이와 정반대되는 행동을 취해, 외설적인 영화의 상영을 앞장서서 반대하는 것 등이 모두 반동형성의 좋은 예이다. 아동의 경우에 힘이 없어 불안할 경우에, 오히려 힘이 센척하는 것도 한 예이다. 즉, 자기 내부의 욕구, 경향, 정서불안 등이 그대로 외부에 나타나는 것을 두려워해서 정반대의 태도를 취하는 것이 반동형성이라고 할 수 있다.

(4) 전 이(Dispacement)

무의식적 욕구나 충동을 재조정해서 원래의 위협을 주는 대상에게서 덜 위협적인 대상에게로 방향을 전환하는 것을 전이라고 한다. 부모에게 꾸중을 들은 아동이 동생을 때리거나 개를 발로차고, 장난감을 부수는 행동을 그 예로 들 수 있다. 선이는 또한 사소한 것에도 민감함을 보이는 성인의 과민증에서도 관찰되는데, 직장에서 상사에게 꾸중을 들은 아버지가 아내와 자녀의 사소한 자극에도 화를 벌컥 내는 경우, 이는 적대감의 대상이 가족에게로 전이 된 것이다. 한편, 전이는 공포증을 유발하는 방어기제이기도 하다. 즉 내적 불안의 원천을 완전히 무시한 채, 주변의 외적인 어떤 대상에 내면의 두려움의 초점을 전환하는 것이다. 이때 보이는 공포증은 실제 자극에 비해 훨씬 크게 확대되어 비현실적인 형태를 취하는데, 대개 사리에 맞지 않고 비정상적으로 확대 해석된 것이다.

(5) 도피(Escape)

자아가 위협당하는 상황에서 도망감으로써 자아의 안전을 확보하고 파국을 면하려고 하는 방어기제이다. 백일몽, 히스테리가 대표적인 도피의 예라 할 수 있다. 백일몽은 현실에서 벗어나 공상으로 도피를 꿈꾸는 것으로, 부모에게 반항하는 문제행동 아동은 자신을 스스로 영웅시하는 공상으로 도피의 방어기제를 사용한다.

(6) 동일시(Identification)

어떤 대상을 향한 강한 감정이 동기가 되어서 그 대상이 소유하고 있는 가치적 내용을 자기에게로 받아들여 그것과 동일한 경향을 나타내려하는 자아의 작용이다. 일반적으로 높은 지위에 있고 자신과 공통된 점이 있거나, 자신에게 강한 공포와 불안을 일으키게 하는 강력한 대상을 동일시하기 쉽다.

(7) 합리화(Rationalization)

자아에 대한 위협을 피하기 위해서 현실을 왜곡하여, 자존심을 보호하려는 것이 합리화다. 합리화는 비이성적 행동으로 타인에게 자기 자신을 합리적이고 정당한 것처럼 보이게 하기 위한 시도이다. 자신의 실수, 잘못된 판단, 실패로 야기된 자아의 좌절과 불안을 극복하기 위해 무언가를 핑계대면서 합리화라는 방어기제를 사용하는 것이다. 이솝우화의 '신포도'가 합리화의 전형적인 유형으로, 일명 '신포도기제'라고도 한다. 예를 들자면 여자에게 데이트를 신청했다가 거절당한 남자는 그녀가 못생겼기 때문에 데이트를 안하게 되어 다행이라고 자신을 합리화하는 것이다.

(8) 격리(Isolation)

자기에게 불리한 상황에 처했을 때 자신이 져야 할 부담을 고의로 왜곡하거나 무시하려고 하는 정서적 반응이다. 합리화와 유사하지만 이 경우는 지적으로 해결하려는 특징이 있다.

(9) 투사(Projection)

투사는 사람들이 스스로 받아들일 수 없는 충동, 태도, 행동을 무의식적으로 타인이나 환경의 탓으로 돌리는 과정을 말한다. 즉 자신의 결점을 어떤 사람이나 사물을 통해 비난하는 것으로, '자신의 무의식의 에코'라고 표현되기도 한다. 예를 들면, 자기 자신이 성적 욕망이 있는 여성의 경우, 자신과 데이트하고자 하는 모든 남자가 자신을 유혹하려든다고 생각한다. 즉 자신의 성적욕망을 타인에게 투사하여 비난하는 것이다. 투사가 심해지면 피해망상이나 관계망상의 증상이 나타나기도 한다.

(10) 부인(Denial)

부인은 자아를 불안하게 하는 충동과 관계가 있는 현실을 부정하는 것이다. 부인은 적극적인 방어기제가 아니라 소극적인 본능의 방어기제이다. 하지만 무의식적으로 지나치게 부인을 사용하게 되면 자아의 적응에 문제를 가져올 수 있다. 즉, 공상이나 백일몽에 빠져 점차로 현실에 흥미를 잃고 과대망상 등에 몰두해 현실의 자신을 부정하여 결국에는 생활 적응에 곤란을 가져올 수 있다.

(11) 자기 징벌(Self-Punishment)

자기 자신을 책하고 벌함으로써 무의식적인 죄책감을 경감시켜 마음의 안정을 얻으려는 자아방어기제이다. 자기 징벌을 지나치게 사용하면 우울증이 되고 심하면 자살로 이어질 수 있다.

(12) 보상(Compensation)

욕구가 저지되면 그것을 대신할 수 있는 다른 목표로서 만족을 얻으려는 기제를 사용하게 되는데 이를 보상이라 한다. 즉, 본래의 대상을 떠나서 전환된 형태로 욕구충족을 꾀하는 것이다. 예를 들어 친구에게 자랑할 만한 것이 아무것도 없을 때 자기 조상을 과장해서 이야기하고 행동하는 것이다.

(13) 승화(Sublimation)

승화란 억압된 본능의 충동을 사회적으로 용납된 생각이나 행동으로 표현함으로써 적절하게 전환시키는 자아기능을 말한다. 충동에 대한 방어기제라기보다는 오히려 성숙된 자아에 의해서 사용되는 적극적인 적응기제라고 할 수 있다. 공격적 충동이 승화되는 직업의 예로 운동선수, 군인, 외과의사 등을 들 수 있으며, 성적 충동을 승화시켜 예술가가 되기도 한다.

2) 열등감

아들러(Adler)는 열등감이 모든 인간 동기와 노력의 기초를 형성한다고 생각하였다. 원래 '열등감'이란 미완성감, 불안정성 및 뒤떨어진 상태에 있게 되는 것과 관련지어 생각될 수 있는데 아들러는 이 열등감 때문에 우월을 추구하게 되고 성격의 강점과 기술을 발달시키게 하는 주요한 요인이 된다고 생각하였다.

그러나 초기 아동기의 신체기관의 열등, 부모의 과도한 관심으로 인한 응석 및 부모의 거부적 태도가 열등감을 경험하게 되고, 성장하면서 이 열등감을 보상(또는 해결)하는 방향으로 행동하게 된다고 하였다. 너무 지나친 보상을 할 경우 타인보다 우월하려는 욕구가 생겨나게 되고 이것이 가식행동이나 여러 가지 치장을 야기한다고 하였다.

대체로 열등감과 열등한 자존감은 부모-자녀관계에서 생기는데, 어린아이들의 경우에 있어서 자존감은 어릴 때 이미 형성된다. 아동 심리학자들은 보통, 3살 이전 혹은 6살 이전에 형성되는 것으로 본다. 특히 부모가 자녀들이 어릴 경우에는 자녀들의 문제를 대수롭지 않게 생각하는 경향이 많이 있다. 그러나 자녀들에게는 아직도 형성되지 못한 자기들의 세계가 있음을 부모는 늘 염두에 두어야 한다. 특히 부모가 자녀에게 비현실적인 기준과 목표를 설정해 줄 경우, 부모가 칭찬하고 격려하고 정서적으로 지지해 주는 일이 드문 경우, 계속적으로 가혹한 벌을 줄 경우, 애정이 담긴 신체적 접촉을 해주지 않을 경우, 후에 아이들이 자립할 수 없을 정도로 그들을 지배하거나 과잉보호할 경우에 아이들은 성장하면서 심각한 열등감이 유발되어 열등아가 되어 버리고 만다.

이렇게 어린 시절 형성된 열등감은 자존감에 영향을 미치게 되고 부정적인 자아 존중감으로 인해서 인생을 실패와 패배로 이끌어 나아가게 된다. 열등감은 삶의 전 영역에서 자신이 다른 사람보다 부족하며 뒤떨어진다는 의식으로 상실감 혹은 무력감으로 나타나며 좀 더 구체적으로 진행되면 자기학대로 발전된다. 열등감이 발전하면 조울증으로 전이되기도 한다.

3) 분 노

분노는 인간이 살아가는데 필수적인 감정으로 적절한 분노표현은 사회적 관계를 유지하거나 변화시키는데 긍정적으로 기능하지만 분노표현의 강도나 빈도, 지속기간이 적절하지 못하면 신체적, 정신적, 사회적 문제를 초래할 수 있다. 최근 사회적으로 이슈가 되고 있는 폭력사건이나 살인 등은 한 개인이 자신의 분노를 조절하는 데 실패하여 억제되어온 감정이 부적절하게 폭발한 것으로 인해 일어난 일임을 추정해 볼 수 있다.

개인이 분노를 표현하는 것에 대해 부정적인 인식을 갖는 이유는 분노 자체라기보다는 그것을 표현하는 과정이나 그에 수반되는 결과 때문이다. 따라서 분노조절에 실패하였다는 것은 분노라는 정서를 느끼는 것에 문제가 있다기보다 분노를 표현하는 것에 문제를 느끼는 경우를 일컫는다고 할 수 있다. 어린 시절부터 분노 조절에 실패한 경우 성장하면서 겪게 되는 다양한 생활경험에서 받은 심리적 상처로 인해 분노가 억압되거나 분노의 대상에 대한 복수 심리를 유발하게 되고 분노조절은 더욱 어려워지는 악순환이 생겨날 수 있다. 따라서 다음에 나오는 문제들에 대해서 생각해 보자.

(1) 화는 왜 나는가?

화나 분노를 일으키는 원인은 여러 가지가 있는데, 불안, 두려움, 상실, 우울감, 죄책감, 수치심, 실패감 등의 고통스러운 감정들, 욕구의 좌절, 공격을 받았을 때나 통제를 받았다고 느낄 때, 육체적인 과로나 피로 등을 그 원인으로 들 수 있다.

(2) 화를 내고 후회하는 적은 없는가?

화가 나면 우리는 맘에도 없는 말을 하고 맘에도 없는 행동을 해서 상대방을 실망시키거나, 자신과 타인의 마음을 상하게 하고 나서는 내가 왜 그랬을까? 그 순간만 참으면 되는데 정말 내가 어떻게 되었는가보다 하고 후회한 적이 많이 있다.

(3) 지나친 화를 내면 누가 손해를 보는가?

우리를 화나게 하는 요인은 자신 안에 있을 수도 있고 환경에 있을 수도 있다. 보통 우리는 화를 부정적 감정으로만 인지하기 때문에 손해를 보게 된다. 화가 나면 우선은 무시하거나 억압하려한다. 이렇게 무의식 속에 억압된 것이 어떤 것에 자극이 오면 화산처럼 폭발하게 된다.

(4) 나는 화내는 방법을 누구에게 배웠을까? 나의 부모는 어떻게 화를 내셨나?

대체로 자녀의 화내는 모습은 부모의 그것으로부터 나오는 경우가 많다. 부모님의 분노 표출방식은 자녀의 분노 표출방식에 영향을 주는데, 자녀는 부모님의 화내는 모습이 싫고 바람직하지 않다고 생각하면서도 성장하면서 그 모습을 그대로 모방학습하게 된다.

(5) 화와 분노를 적당히 표현해야 하는 이유는 무엇인가?

분노는 자신을 괴롭고 힘들게 하는 스트레스나 고통스러운 생각들에서 잠시 잊거나 벗어나게 하고 단기적으로 원하는 것을 얻게 하는 효과도 있지만, 분노를 터뜨리거나 꾹꾹 참는 습관은 습관화되고 학습되어진다는 입장에서 볼 때, 분노에 매달리면 매달릴수록 그 결과는 더욱 더 나쁘게 나타나게 될 것이라고 예상할 수 있다. 이렇게 화를 억압하면 파괴적인 방법으로 표현된다.

(6) 비합리적 신념과 사고는 무엇인가?

분노조절을 잘하기 위한 첫 단계는 당신을 화나게 하는 자동적인 생각을 인식하는 것이다.

① 치부하기 : 상대방을 전적으로 부정적인 방식으로 분류하는 것.
② 마음 읽기 : 상대방이 왜 그러는지 다 안다고 생각하는 것.
③ 점치기 : 장차 무슨 일이 일어날 것인가를 다 안다고 생각하는 것.
④ 과장하기 : 부정적인 사건의 중요성을 확대시키는 것.
⑤ "반드시" 라는 말 쓰기 : 호의를 당연한 요구로 해석하는 것.

매번 분노를 느낄 때마다 마음에 꼭꼭 쌓아두기만 한다면 언젠가는 상대에게 걷잡을 수 없는 분노를 폭발하게 된다. 상대에게 분노의 감정이 생길 때 친밀한 사이에 금이 갈까 염려함으로 분노를 쌓아두지만 말고 이성적으로 적절히 표현하는 게 좋다.

4) 성격이상

인간은 상처받기 쉬운 존재이기 때문에 누구나 어느 정도까지는 생활 속에서 이러한 방어기제들을 사용하게 된다. 그러나 이러한 방어기제들을 지나치게 사용할 경우, 부정확한 지각을 하게하고 부적절한 행동을 지나치게 사용할 경우, 자기 파괴적이 되기도 한다(Frick, 1991). 따라서 특정한 방어기제들이 생활 속에서 습관화되고 지배적이 된다면, 개인의 성장을 억제하여 그것이 그 사람의 성격 특성으로 굳어지게 된다. 이러한 경우 정신건강이 피폐해져 성격이상으로 발전하게 된다. 부적응적 행동을 특징으로 하는 성격이상은 특히 자아방어기제와 깊은 관계가 있다(김희경・이정숙, 1997).

(1) 편집성 성격

자기 자신의 결점을 환경의 탓으로 돌리고, 이것을 비난하는 투사의 기제를 과도하게 이용하는 성격을 편집성 성격이라 한다. 냉혹하고 유머가 결여된 이러한 사람은 과민성, 아집, 질투, 시기심, 자기중심적인 빈약한 대인관계의 특징을 가지고 있다. 따라서 편집성 성격의 소유자는 아주 사소한 일에 대해서도 타인으로부터 무시당했다고 느끼며 악의를 보이고, 스트레스를 받으면 정신 분열병으로 진전되기도 한다.

(2) 순환 성격

순환 성격은 외부로부터의 자극과는 아무런 상관없이 우울한 시기에서 상쾌

한 시기로 단기간에 걸쳐 변동하는 특징을 가진다. 우울한 상태가 아닐 때는 외형적으로 온정적 태도를 보이기 때문에 우호적이고 정력적인 사람으로 보인다. 그러나 우울한 시기에는 이와 반대로 비사회적이고 지배적인 경향을 나타내어 언뜻 보기에 이중인격 같은 인상을 풍긴다.

(3) 분열성 성격

이 인격의 특징은 다른 사람과의 관계에 문제가 보이는 것으로, 고독을 즐기고 아무런 생각 없이 그저 멍하게 앉아 있기를 좋아한다. 정서적으로 메마르며, 이성에 대한 관심도 적다. 이러한 특징들 때문에 분열성 성격을 '먼 곳에 떨어져 존재하는 공상가'라고 평하기도 한다.

(4) 분열형 성격

환시, 환청 등 이상한 것을 지각하고 신비한 것에 잘 빠지는 특징이 있다. 피해망상의식도 있으며, 유전 요인이 높아 가계에 정신분열병이 많으면 정신분열병이 걸릴 위험이 높다.

(5) 폭발 성격

사소한 일에 갑자기 예상할 수 없는 공격성을 나타내는 성격을 폭발성격이라 한다. 이러한 성격의 소유자는 흥분을 잘하고 과도의 반응을 나타내며 과격한 행동을 하지만 자기 행동을 합리화하는 경향이 있다. 이러한 이유로 폭발성격의 소유자는 폭발적인 행동을 되풀이하는 경우가 많다. 가정 내에서 폭력을 휘두르는 남편의 경우가 그 예라고 할 수 있다.

(6) 강박 성격

강박 성격이란 쓸데없는 사소한 일에 집착하여 강박적 행동을 하는 사람의 성격이다. 예들 들어 아파트 문을 열쇠로 잠그고도 몇 번씩이나 점검해 보는 행동이 여기에 속한다. 이런 사람은 엄격하면서도 지나치게 양심적이고 우유부단하며 욕구를 억압하고 어떤 기준에 맞추기 위해 지나치게 신경을 쓰는 특징을 지니고 있다. 또한 타인으로부터 인정을 받기위해 완벽주의적 성향도 보인다. 이와 같은 사람은 열심히 일하고 생산적인 일을 많이 해내기는 하지만, 느긋하게 자신이 일한 성과를 즐길 수가 없다. 강박성격이 지나치면 강박신경증에 걸리기 쉬우며, 때로는 화병이 생기기도 한다.

(7) 히스테리 성격

쉽게 흥분하고, 정서가 불안정하며, 극한 반응을 잘 보이는 성격을 히스테리 성격이라 한다. 이러한 성격의 소유자는 연극배우 같은 행동을 특징으로 하는데, 미성숙하고 유혹적이면서 자기중심적인 행동으로 타인의 주의를 자기에게로 끌려고 노력한다. 또한 유아 같은 의존감이나 요구, 나르시즘을 갖고 있으며, 타인에 대한 이해가 부족하다.

(8) 의존성 성격

스스로 노력하지 않고 그저 타인에게 의지하려는 성격 특성을 말한다. 자신의 욕구도 타인의 욕구에 종속시키고 책임도 떠넘긴다. 여성에게 많이 보이는 이상성격으로 어렸을 때 분리불안장애가 있었을 가능성이 크다.

(9) 무력 성격

무력 성격은 활력이 없고, 감정이 둔하고, 쉽게 피로감을 느끼어 일상생활을 즐길 수 없는 특징을 갖는다. 또한 여러 가지 스트레스에 대해서 과민하고 만성적인 비관론자로서의 특징도 지니고 있다. 무력성격의 소유자는 타인으로부터 도움을 받기위한 수단으로 자신의 성격을 이용하기도 한다.

(10) 수동 –공격성 성격

상대에 대한 적의를 처리하는데 있어서, 노골적인 방법과 은밀한 방법을 섞어서 이용하는 것을 특징으로 하는 성격을 소극적 공격성 성격이라 한다. 이러한 성격의 소유자는 적대적·공격적 감정 등을 완고함과 비꼬는 말투로, 때로는 일의 능률을 올리지 않고 지연시키는 등의 소극적인 방해를 통해서 표현한다. 예를 들자면 권위에 대해서 표면적으로 받아들이는 것으로 보이지만 은밀한 방법 또는 소극적 수단으로 이에 대한 반항을 표현한다. 공격성은 타인이나 시설에 의존하려는 잠재적 욕구에 대한 반동형성의 표현일 수 있다. 경쟁이 심하고 권위에 대해서 복종적인 우리나라에서 늘어나고 있는 성격유형이라고 할 수 있다.

(11) 반사회적 성격

현재 우리 사회 상황에서 가장 문제가 되어 있는 성격이다. 비사회성 성격과 반사회적 성격이 어떤 경우에는 혼재할 수도 있지만, 이 두 성격은 엄격히 구분된다. 비사회적 성격은 사회에 대해서 직접 손해를 끼치지 않지만 반사회적 성격은 사회에 대해서 직접적으로 손해를 끼친다. 비사회적 성격은 불안이 마음속에 쌓여서 퇴행·도피적 행동경향을 보이며, 지나친 내향성, 고독, 침묵, 신경과민, 죄책감 등의 성격 특징을 보인다. 이에 비해 반사회성 성격은 마음속에 있는 갈등을 즉각적인 태도로 나타내어 행동화하는데, 원시적이고 기초적인 여러가지 욕구 충동이 표면으로 노출되어 행동화한다. 그렇기 때문에 이 성격의 소유자는 타인의 입장에 대해 무감각하고 냉담하며 쾌락주의적이고, 자기애적 행동을 보인다. 또한 자신의 바사회적 행동에 대해 죄책감이나 후회하는 태도를 갖기 힘들며, 자기합리화해 버리는 경향이 높다. 따라서 처벌을 받게 되면 부당한 것으로 생각하여 분노를 터뜨리고, 원한을 품고 사회에 대해서 더욱 적대적인 태도를 취한다.

(12) 자기애성 성격

자신의 능력이나 외모에 대해 비현실적으로 과대평가하는 성격이다. 높은 지위와 이상적 사랑을 갖기를 원하는데 이런 성격 소유자의 부모에게도 비슷한 성향을 엿볼 수 있다.

(13) 회피성 성격

대인관계를 회피하는 특징을 띠고 있는, 하지만 겉으로는 주변 사람과 잘 어울리지 못하지만 속마음으로 친밀한 관계를 원하는 경향이 강하다. 여성에게 많은 인격으로 사회에 대한 공포심을 동반한 경우가 많다.

☞ 잠깐 생각해 봅시다

1. 자신과 자신의 가족이 많이 사용하는 방어기제는 무엇입니까? 그리고 어느 때 많이 사용합니까?
2. 요즘 매스컴에서 보도된 사건과 성격이상을 연결시켜 분석해 봅시다.

유명한 화가가 당신의 도움을 필요로 합니다. 그런데 이 화가가 벌에 엄지손가락을 쏘였습니다. 어떤 방향으로든지 그림을 돌려보고 그리고 싶은 대로 그리십시오.

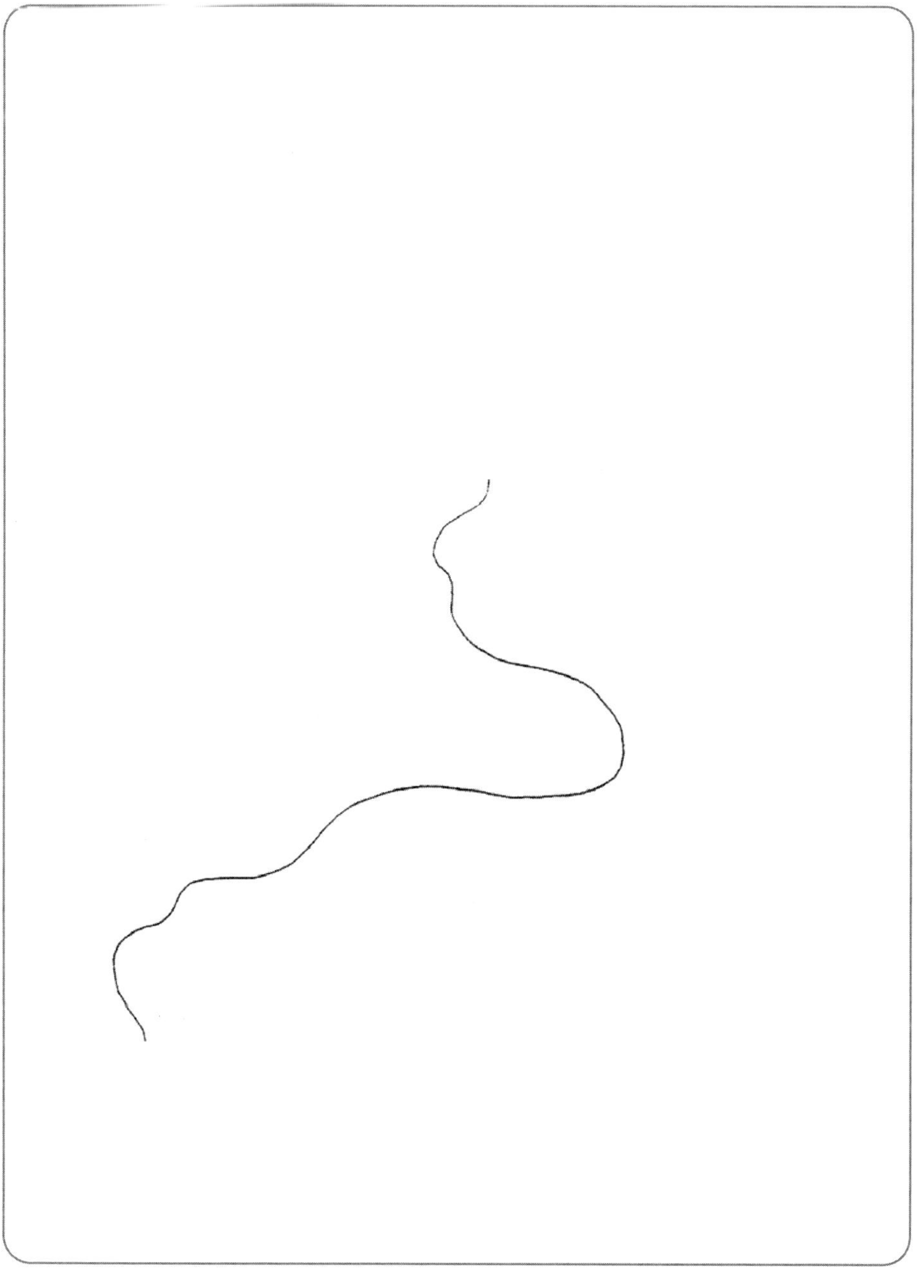

제 3 장 사랑과 성

1. 사 랑
2. 질 투
3. 성

제 3 장

사랑과 성

1. 사 랑

사랑은 인간의 본질이며 인간을 존재하도록 하는 힘으로 친밀감과 상호관련성을 갖고 있다. 이러한 사랑과 친밀감은 성장하면서 가족 및 주위 사람들로부터 받은 애정에 많은 영향을 받는다. 또한 사랑의 심리는 이성교제 및 배우자 선택에 많은 영향을 주고 나아가 결혼생활이나 가족에게 일어날 수 있는 문제와도 밀접한 관련을 맺는다. 따라서 사랑의 심리를 이해하고 사랑에 대한 올바른 지식을 이해하며 건강하고 훌륭한 배우자를 선택하고, 건강한 가족을 형성하여 행복한 삶을 영위하는 토대로 삼아야겠다.

1) 사랑의 심리

사랑은 정신분석학적 측면에서 두 가지 형으로 나누어 설명할 수 있다(김희경·이정숙, 1997).

(1) 의식적인 차원에서의 사랑 : 현실애

상대방과 의식적인 차원, 즉 공통의 관심, 흥미를 갖는 것으로부터 점진적으로 무의식적 융합과 동화가 일어나는 경우이다. 예를 들어 중매결혼의 경우, 보통 본인이나 주위 사람들이 여러 객관적 조건에 대해 검토한 이후에 어느 정도 조건이 맞으면 당사자의 만남이 실현된다. 서로 만난 결과 쌍방이 '호감이 간다', '어쩐지 인상이 좋다'는 등의 기분이 들게 되면 다음 단계로써 일정기간 교제가 시작된다. 그런 단계를 거치면서 보다 상세한 개인적인 사정이나 사고방식, 흥미, 희망 등을 서로 이야기하며 상대에 대해 알아가는 동안에 자기의 일부로 상대를 느끼기 시작할 때 무의식적 융합, 동화가 일어나며 비로소 결혼의 절대 조건인 "양자의 합의"가 성립되는 것이다.

(2) 무의식적 차원에서의 사랑 : 전이애

무의식적 차원에서의 어린 시절 부모와의 사이에서 형성된 애정관이 무의식안에 이성의 이미지를 형성하게 되며, 이러한 이미지를 갖고 있는 이성에게 애정을 느끼게 되고 표현화 되는 경우이다. 의식적인 면의 일치에서 점차적으로 무의식적 융합이 성립되는 현실애를 점진형이라 한다면, 처음부터 직접 무의식적 융합이 성립되는 것이 전이애 유형의 특징으로, 급진형이라 말할 수 있다. 이 전형적인 경우가 "한눈에 반했다"고 말하는 경우이다. 처음 만난 순간 사랑에 빠지는 전이애의 경우 상대의 객관적 조건이나 이성적 판단은 전혀 문제되지 않는다.

또한 본인 자신이 마음에 품고 있는 어떤 이성의 이미지를 고정시켜 놓고 이런 유형의 이성을 의식적으로 끊임없이 찾는 경우도 주변에서 쉽게 찾아볼 수 있는 전이애의 한 형태이다. 과거에 사랑했던 애인과 비슷한 경향을 가진 새로운 이성이 나타났을 때, 그 이성에게 향한 감정 속에 과거의 애인에 대한 감정을 그대로 전이되는 경우도 쉽게 찾아 볼 수 있다.

무의식속에 형성된 이성의 이미지는 앞서 말한 것처럼 어린 시절 경험된 인성관이 축적된 것으로 그 근원을 유아기의 오이디푸스 콤플렉스의 해결을 위해 이상화한 이성 부모에서 찾아 볼 수 있다. 연애감정에는 적지 않은 전이애적 요소가 작용하고 있는데, 특히 이러한 특징이 전형적인 형태로 나타나기 쉬운 것은 청년기의 사랑일 것이다. 왜냐하면 첫사랑의 대상은 의식적으로 애정을 느낀 최초의 이성이므로 당연히 거기엔 무의식으로 형성된 이상적인 이성의 이미지가 최초의 동기가 될 수 있기 때문이다. 그 증거로써 첫사랑에서 많이 보여지는 특징 중 하나인 연상의 이성에 대한 흠모는 오이디푸스 콤플렉스의 재현으로서 이해할 수 있다.

이상으로 사랑을 현실애와 전이애로 나누었지만 이것은 상대적인 의미로, 사랑을 의식적, 객관적 조건과 무의식적 전이조건으로 명백하게 구별한다는 것은 불가능하다. 오히려 이 두 가지 요소 모두가 사랑이 성립되는 필수 요소라 할 수 있으며, 이 두 가지 요소가 인격적으로 통합되고, 조화가 이루어질 때 가장 안정된 사랑이라고 할 수 있다.

2) 사랑의 요소

스턴버그(Sternberg, 1986)는 사랑은 열정, 친밀감, 헌신의 3가지 요소로 구성된다고 하였다. 이러한 사랑의 세 가지 구성 요소가 균형을 이루어 정삼각형을 이룰 때 가장 바람직한 사랑이 되며, 헌신, 친밀감, 그리고 열정이 많을수록 삼각형은 더 커지고 사랑도 더 크고 깊어진다고 하였다.

(1) 열 정

사랑의 요소 중 열정은 동기부여적 측면으로 연애감정을 부추기는 요소이다. 열정은 생리적 자극과 신체적 친밀감에 대한 강력한 욕구이며, 육감적이고 성적인 것이다. 한편, 성적 욕구가 열정에서 주요 부분을 차지하고는 있지만, 또한 자기존중 욕구, 자기실현 욕구, 타인에 대한 친애 욕구, 지배 욕구, 복종 욕구 등을 불러일으키는 데도 열정이 중요한 역할을 한다. 그러나 열정이 지나치면 집착에 가까운 소유욕을 유발시킬 수도 있다.

(2) 친밀감

친밀감이란 사랑하는 관계에서 느끼는 가깝고, 서로 연관이 있고, 맺어져 있다고 느끼는 상태를 말하며 정서적 속성에 해당된다. 흔히 사랑할 때 느끼는 따뜻한 감정의 경험이 친밀감에 해당된다. 친밀감의 대표적 속성은 사랑하는 사람의 행복을 증진시키고자 하는 욕망, 사랑하는 사람과 함께 있을 때의 행복감, 사랑하는 사람에 대한 존중감, 어려울 때 사랑하는 사람에게 의지할 수 있는 것, 사랑하는 사람과의 상호이해, 자기 자신 및 자신의 소유물들을 사랑하는 사람과 함께 나누어 갖고 싶은 것, 사랑하는 사람으로부터 정서적 지원을 받는 것, 사랑하는 사람에게 정서적 지원을 주는 것, 사랑하는 사람과의 친밀한 의사소통, 자신의 생활에서 사랑하는 사람을 소중히 여기는 것 등으로 나타난다.

(3) 헌 신

헌신은 인지적이고 의지적인 측면의 두 가지 측면이 있다. 단기적 측면은 누구를 사랑하겠다는 약속이며, 장기적 측면으로는 그 사람을 계속 지키겠다는 책임감이다. 하지만 두 가지 측면들이 언제나 함께 하는 것은 아니며 때로는 사랑하겠다는 약속이 그 사랑을 계속 지키겠다는 책임감을 수반하지 않을 때도 있다. 대개의 경우 약속이 책임감보다 선행하게 되는데, 때에 따라서는 사랑하겠다는 약속은 없고 책임감만 있는 경우도 있다.

사랑의 세 가지 요소인 열정과 친밀감과 헌신의 수준은 수시로 바뀌고 사람에 따라 다르기 때문에 일정하지 않다. 사랑의 세 요소가 증감함에 따라 삼각형의 크기와 모양이 어떻게 바뀌는가를 고려함으로써 사랑의 유동성을 알 수 있으며, 삼각형의 면적은 사랑의 정도를 나타내는 것이다. 많은 친밀감과 열정과 헌신은 커다란 삼각형을 만든다. 삼각형이 크면 클수록 사랑이 커지는 것이다.

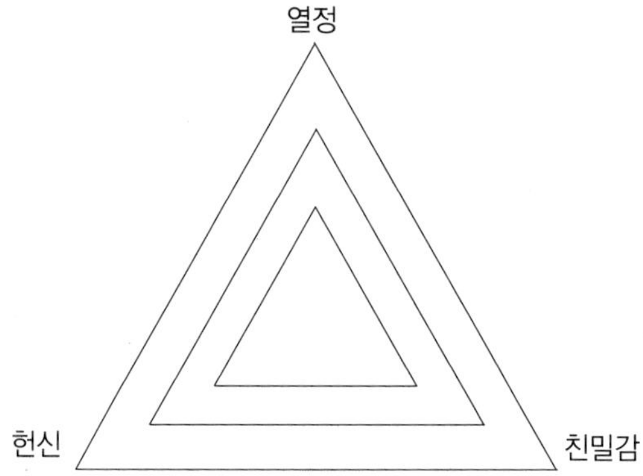

3) 사랑의 요소에 따른 사랑의 삼각형

스턴버그의 삼각형은 열정과 친밀감과 헌신이 변화하는 정도에 따라 그 모양이 달라진다. 그에 의하면 세 변이 동일한 정삼각형은 사랑의 절정을 나타낸다. 즉, 세 요소가 균등하게 분배되어 있는 완전한 사랑인 것이다. 그러나 삼각형의 한 변이 다른 변보다 길어질 때 새로운 종류의 균형을 잃은 사랑 스타일이 나타나게 된다.

(1) 낭만적 사랑

낭만적 사랑은 친밀감과 열정의 조화로 이루어진 사랑이다. 이 사랑은 서로를 깊이 살피는 마음과 육체적 매력이 혼합된 경우이다. 그러나 헌신은 그리 큰 역할을 하지 못한다.

(2) 어리석은 사랑

어리석은 사랑은 열정과 헌신은 균형을 이루나 친밀감이 결여되어 있는 사람이다. 헌신이 친밀감이라는 안정적인 요소가 없이 열정에만 근거한다는 면에서 볼 때, 이는 어리석은 것이다.

(3) 동료애적 사랑

동료애적 사랑은 열정은 뒤로하고 친밀감과 헌신이 조화된 사랑이다. 이는 본질적으로 장기적이고 헌신적인 우정이라 할 수 있겠다. 이 사랑은 결혼생활에서 서로가 서로를 아는 안정감이 육체적 매력보다 중요할 때 일어난다.

(4) 완숙한 사랑

완숙한 사랑은 사랑의 세 가지 구성요소인 열정과 친밀감과 헌신이 완전히 조화를 이루는 데서 나온다. 완숙한 사랑은 모든 결혼이 추구하는 목표이며, 대부분의 결혼이 적어도 한동안은 성취하는 사랑이다. 이러한 완숙한 사랑을 제대로 유지하지 못하는 데서 많은 결혼이 위기 상황에 처하는 것이다. 완숙한 사랑을 성취했다고 해서 그 사랑이 영원히 계속되지는 않는다. 살아가면서 한쪽 배우자에게 어떤 요소가 더 부각되면서 상대방의 스타일과 조화가 되지 않는 사랑 스타일이 나타날 수 있다. 즉, 사랑의 스타일은 변화할 수 있으므로 서로의 사랑을 가꾸기 위한 꾸준한 노력이 필요하다.

4) 사랑의 유형

리(Alan Lee)는 사랑의 유형을 여섯 가지로 구분하였는데, 이러한 사랑의 유형 중에서 어느 것은 다른 것보다 더 가치가 있다거나 더 성숙한 것이라고 단정할 수 없으며, 우리가 살아가는 동안 사랑의 유형은 바뀔 수도 있다고 하였다. 대개는 여러 유형이 혼합된 사랑을 하고 있으며 사람마다 그 중에서 우세한 유형과 열세한 유형이 있을 뿐이다.

(1) 에로스(Eros) : 육체적 사랑, 낭만적 사랑

이는 첫눈에 반하는 사랑을 말한다. 에로틱한 사랑을 하는 사람들은 사랑이 맹목적이라는 것을 명백하게 증명해준다. 어떤 사람들은 하나 이상의 이상형을 마음에 품고 있지만, 에로스적인 사랑을 하는 이들은 정확하게 어떤 타입이 자신들을 성적으로 흥분시키는지를 잘 알고 있다. 에로스적 사랑을 하는 전형적인 유형은 자신의 어린 시절이 행복했었다고 생각하며, 일을 즐기고, 사랑을 위하여 위험을 감수할 준비도 되어 있다. 그들은 자기들이 어떤 신체 유형에 끌리는지를 분명히 알고 있기 때문에, 그 타입에 가까워 보이는 사랑을 보면 첫눈에 반해 버려 크게 흥분을 느끼게 된다. 이들은 사랑하는 대상을 빨리 알게 되기를 간절히 원하며, 상대의 신체적 매력에 탐닉하게 된다. 사랑하는 이의 단점과 드러나지 않는 결함을 잘 알고 있고, 사랑하는 이에게는 빈번하게 말로나 신체적 접촉을 통해 사랑하는 사람에 대한 자신의 기쁨을 표현하려 한다. 이들은 대개 배타적인 관계를 원하지만, 소유하려 하지 않으며 경쟁자의 존재에 대해 두려워하지도 않는다. 에로스식 사랑을 하는 이들은 이상적인 연인을 만나서 함께 사는 것이 삶에서 가장 중요하다고 생각한다.

(2) 루더스(Ludus) : 유희적 사랑

루더스는 게임이나 놀이를 나타내는 라틴어에서 비롯되었다. 이런 사랑을 하는 사람들은 마음속에 간직한 이상형이 없고, 평생 한 사람만을 사랑하기를 거부하려 한다. 이런 사랑을 하는 사람은 방랑자이며, 마치 매년 휴가 때마다 돌아다닌 여러 곳을 회상하듯이, 되돌아보는 즐거운 추억이 남는 사랑의 체험들을 중요시 여긴다.

전형적인 루더스식 사랑을 하는 사람들은 어린 시절이 그저 평범했었다고 생각하지만, 어른이 되어서는 종종 좌절을 경험하게 된다. 이들은 기꺼이 사랑을 위해 헌신할 생각이 없으며 아직 정착할 준비가 되어있지 않은 경우가 많다. 특정한 신체유형에 매력을 느끼지도 않기에, 언제든지 다른 대상을 찾아 떠날 준비가 되어 있다. 이들은 새로운 짝을 만난다고 해서 특별한 감흥을 느끼지도 않고, 확실하게 사랑에 빠지는 일도 없다. 이들은 상대방이 너무 몰입하는 것을 피하기 위한 방법으로 파트너를 너무 자주 보는 것도 싫어하며, 파트너가 질투가 많은 것도 사랑의 재미를 망친다고 싫어한다. 이들은 여러 명의 파트너들을 똑같이 그리고 동시에 사랑하는 데서 아무런 모순도 느끼지 않는다. 이들에게 성은 헌신을 포함하기 위함이 아니라 재미를 위함이며, 사랑이 삶에서 가장 중요한 것도 아니다.

(3) 스트로게(Stroge) : 친구로서의 사랑

스트로게는 형제·자매간이나 놀이친구 사이에 간간이 흐르면서 서서히 무르익는 사랑의 감정을 뜻하는 고대 그리스어에서 비롯되었다. 이런 사랑은 오랫동안 알던 사람간의 사랑으로, 처음에는 사랑하지 않았던 것이 분명한데 언제부턴가 사랑하는 사이가 됐고, 지금은 서로 사랑한다고 확신하는 사람들의 사랑이다.

전형적인 스트로게식 사랑을 하는 사람들은 식구가 많고 격려해주는 가족 안에서 자랐거나, 안정되고 우호적인 공동체 안에서 성장한 사람들인 경우가 많다. 그들은 친구를 좋아하며 삶에 만족해하며, 사랑이 많은 시간과 활동을 공유하는 특별한 우정이라고 기대한다. 특별히 좋아하는 신체유형이 없고, 애인이 없다는 것에 전전긍긍해하지도 않고 시간이 흐르면 만날 것이라고 생각한다. 그들은 파트너의 지나친 감정 표출을 꺼려하며, 서로의 느낌에 대해서보다는 공유할 수 있는 관심사에 대해서 이야기하기를 더 좋아한다. 파트너와의 관계가 무르익음에 따라 서로가 더 강하게 감정 표현을 해야 한다는 위협이 있지 않는 한, 서로를 평온한 방법으로 소유하고자 한다. 이들에게는 배우자와 성관계를 갖기 전에 먼저 친구로서 서로 알아가는 과정이 중요한데, 일단 서로간에 깊은 우정이 아주 확실해지면, 성과 관련된 문제가 밖으로 표현될 수도 있다. 상호간의 사랑은 그 자체가 인생의 목표가 아니라, 우정과 가정이라는 보다 큰 목표의 한 측면이 된다.

(4) 마니아(Mania) : 광적 사랑, 소유적 사랑, 중독된 사랑

사랑한다는 것을 상대방을 완전히 소유하고 동시에 상대방으로부터 내가 소유 당하는 것이라고 생각하는 사람이다. 마니아식 사랑을 하는 사람은 애인에게 꼼짝없이 사로잡혀 버리며 질투와 소유욕이 강하고 사랑 받고 있다는 확신을 항상 필요로 한다. 동시에 이런 사랑을 하는 사람은 자기가 상대를 사랑하는 만큼 상대로부터 사랑 받을 수 있다는 보장이 있기 전에는 너무 사랑하게 될까봐 두려워 자주 머뭇거리게 되는데, 이런 사랑을 하는 상대를 정말로 좋아하지도 않고 평생 동반자로 생각지도 않는다.

전형적인 마니아식 사랑을 하는 사람은 자신의 어린 시절이 불행했다고 기억하며, 성인이 되어서도 대개는 외로워하며, 종종 자신의 일에 만족하지 못한다. 이들은 사랑할 필요를 강하게 느끼면서도, 사랑은 힘겹고 고통스럽다는 생각에 사랑하기를 두려워하며, 어떤 유형을 좋아하는지에 대해서도 확신이 없으며, 때로는 잘 어울리지 않는 특성을 가진 사람을 찾아다닌다. 그들은 자신들이 좋아하지도 않고, 사랑이 실패한다면 친구로서도 관계를 유지하지 않을 그런 사람과 사랑에 빠지는 것에 스스로 놀라워하지만, 파트너를 매일 만나보려 하며, 서로가 함께 할 미래를 상상해 보기도 한다. 그러나 상대가 약속 시간에 늦거나 약속을 연기시키면 쉽게 화를 내며, 종종 분별을 잃는 것처럼 보이며, 그들의 사랑을 증명하기 위해 극단적인 일을 자행하기도 한다. 사랑을 표현하는 것과, 자신을 통제하기 위해 움츠려드는 것이 번갈아 나타나며, 극도의 질투심을 보여주게 된다. 상대방에게 더 많은 애정과 헌신을 요구하고, 파트너와의 대부분의 성관계에서 만족하지도 평온을 얻지도 못하나 이들 스스로는 관계를 끊지 못해서 항상 상대측에서 관계를 끝내게 된다.

(5) 프라그마(Pragma) : 실용적 사랑, 논리적 사랑

이런 사랑을 하는 사람은 자신과 잘 어울리는 배우자를 찾는다. 프라그마식 사랑의 유형은 루더스와 스트로게가 결합한 유형으로, 자기와 어울리는 배경과 관심사를 지닌 상대를 찾지 못한 사람은 능수능란하게 루더스를 활용하면서 적절한 후보를 물색한다. 이는 분별 있는 스트로게식 사랑의 대상을 찾는 것이지 황홀한 로맨스나 가슴 설레는 연애를 추구하는 것이 아니다.

프라그마식 사랑을 하는 전형적인 유형의 사람들은 어린 시절과 현재의 삶에서 아무런 차이를 느끼지 못하지만, 성인이 되어서는 노력을 통해 목적을 달성할 수 있으며, 삶에서 성공이 중요한 덕목이라고 생각한다. 어울리는 상대를 만나는 것이 이들에게는 노력을 기울여 해결해야 할 현실적인 문제이므로, 이들은 가까운 사무실이나 자신이 몸담고 있는 공동체 내에서 자신의 짝을 찾으며, 그 사람이 실제로 어떤 사람인지를 알 수 있는 상황에서 상대를 찾고 싶어 한다. 상대를 제대로 알기 전까지는 헌신이나 미래 같은 말에 대해서는 얘기하기를 꺼려하며, 일반적으로 과도한 감정의 표출, 특히 질투심 같은 것을 경시하면서도 상호간에 점점 더 헌신적으로 되거나 서로를 배려해 주는 표시에 대해 아주 만족해한다. 이들에게 어울리는 짝을 만나는 것은 행복한 삶을 위해 바람직한 것이지만 본질적인 것은 아니다. 이들에게는 그 어떤 상대도 자신의 상식을 희생할 만큼 가치 있지는 않기 때문이다.

(6) 아가페(Agape) : 의지적 사랑, 이타적 사랑

이는 아무 조건 없이 좋아하고 돌보아주며, 용서하고 베풀어주는 자기희생적 사랑이다. 기독교 신앙에서 말하는 무조건적 사랑이나 불교에서 설파하는 관음보살의 대자대비적 사랑이 이에 속한다. 이 사랑의 방식은 성인들이 자기의 배우자를 찾는 방식에서 가장 드문 것이기도 하다. 사랑이란 그것을 필요로 하는 사람에게 베풀어주어야 할 의무와 같은 행위이며, 그것은 가슴보다는 머리로, 감정보다는 의지로 행하여지는 것이라고 말한다. 진정한 사랑은 받는 것이 아니라 주는 것이며, 자기 자신보다는 사랑하는 사람의 행복과 번영을 더 생각하며, 상대방의 희망과 목표를 성취할 수 있도록 하기 위하여 자신의 희망이나 목표는 유예하든가 포기하는 것이라고 생각한다.

아가페식 사랑을 하는 사람은 사랑하는 대상에게 애정 어린 보살핌을 베풀어야 할 의무를 강하게 느끼며, 배우자는 그러한 배려를 필요로 하는 사람이어야 한다. 따라서 아가페식 사랑을 하는 사람은 파트너와의 관계에서 그를 단지 보살핌을 필요로 하는 수많은 사람 중의 한 명으로 생각하기 때문에, 그 파트너에

게는 자신의 시간과 정열의 아주 작은 몫을 할애해 주게 되는데 그는 이것으로 만족해야 한다. 아가페식 사랑을 하는 사람은 파트너가 자신보다는 다른 누군가와 함께 있는 것이 더 낫고 행복하다고 생각하면, 대상이 비록 사랑의 경쟁자일지라도, 그를 위해 기꺼이 그 관계를 단념할 수 있다.

2. 질 투

사랑은 타인으로부터 존중받고 있다는 느낌을 받게 하지만, 상대방의 관심이 멀어지게 되었을 때 불안과 두려움이 생기고, 이로 인해 질투가 생겨난다. 질투는 열등감을 극복하게 하여 유능감을 발전시키기도 하지만, 대부분 부정적 정서로 작용해 대인관계에 어려움을 초래하게 된다.

이러한 질투는 남녀간에 표현 방식은 물론 원인에서부터 차이가 있는데, 남자는 자신이 부적절하다고 느낄 때 질투를 하며, 여성은 자신이 어떤 관계에 의존적인 상태에서, 자신에게 허용되는 다른 관계들보다 자신이 더 낫다고 생각될 때 질투를 느낀다. 남자는 질투의 결과를 분노로서 표출하며, 여성은 우울증으로 반응할 수 있다.

질투의 유형에는 다음과 같이 다섯 종류가 있다.

(1) 소유적 질투

재산권 침해의 지각에 대한 반응에서 오는 질투로, 물건이나 지위 또는 자신에게 속해 있는 사람에 대한 질투이다.

(2) 배제적 질투

자신이 사랑하는 이의 중요한 경험으로부터 제외되어 있을 때, 사랑하는 사람의 세계에 함께하는 것이 허용되지 못할 때 느끼는 질투이다. 배우자가 혼자만의 취미생활을 즐기게 될 경우 자신은 소외되었다고 느끼게 될 때 발생하는 질투이다.

(3) 경쟁적 질투

자기 자신에 대한 부적절감에 대한 반응이며, 균형을 회복하기 위한 하나의 시도이다. 자신이 최고이고자 하는 분야에서 최고가 되지 못할 때 느낄 수 있는 질투이다.

(4) 자아중심적 질투

상대의 방식이 부적절하며, 자신의 방식이 유일한 길이라는 느낌과 자신의 자아인식과 역할 융통성을 확장시키지 못하는 상태를 말한다. 자신의 조망수용을 바꾸거나 일상 행동을 바꾸어야 할 필요성을 인정하지 못할 때, 자신의 방식대로 현재에 머무르고자 할 때 느끼는 질투이다. 상대로부터 인정받고 있지 못한다고 느낄 때 나타난다.

(5) 공포적 질투

거부나 배척의 위협에 대한 하나의 반응이다. 상대방이 다른 사람과 어울리건 그렇지 않건 간에 상대로부터 거부당하고 외톨이로 있게 될 경우에 느끼게 된다.

3. 성

1) 성의 개념

성은 여러 가지로 설명되며 보통 남녀를 구분할 때에는 섹스(Sex)와 젠더(gender)라는 용어를 사용한다. 즉 생물학적인 면에서 남녀를 구별할 때에는 섹스(sex)라는 용어를 사용하는데, 이는 개인이 태어나면서 구분된 선천적인 성을 뜻한다. 반면에 젠더(gender)는 개인이 태어난 이후에 사회적·문화적·심리적인 환경에 의하여 학습되어진 후천적인 성을 의미한다. 대부분 섹스와 젠더라는 용어가 단순히 性이라고 번역되지만, 성이라는 글자가 지니는 원래의 의미는 마음(心)과 몸(生)의 양면을 동시에 나타내고 있음을 알아야한다. 다시 말하면 성이란 전체적인 인간 그 자체를 뜻하는 것이지 결코 성행동이나 성적인 쾌락만을 의미하는 것이 아니다. 이러한 전체적인 인간 그 자체를 포함하는 의미의 성(sexuality)은 개인이 갖는 性에 대한 환상, 꿈, 행동, 태도, 사고, 감정, 가치관, 신념, 이해심 및 개인의 존재의미 등의 모든 것을 지칭한다. 즉 포괄적인 의미에서 섹스라는 용어는 단순히 성기를 비롯한 신체의 일부에 의해서 수행되는 행동만을 의미하는 것은 아니다. 한 개인의 성(sexuality)은 살아가면서 환경으로부터 많은 영향을 받기 때문에 개인의 행동변화에 지대한 영향을 미친다고 할 수 있다.

성은 인격발달과 관련이 있다. 그것은 성욕 자체의 문제라기보다도 인간관계의 문제이다. 친구를 사귀지 못하고 자기만의 세계에 안주하는 것을 자폐라고 하는데 이러한 자폐는 자폐적 태도와 소아 자위로 나타난다. 소아자위를 가진 자폐적 아동은 부모의 양육태도에 문제가 많은 경우이다. 사회적 활동에 쫓겨 아동을 방임하는 부모, 한 아이만 사랑하고 다른 아이는 무시하는 부모가 그 예이다. 어떤 것이든 이러한 문제는 성적 성숙의 문제가 아니고 넓은 의미에서 볼 때 인격발달의 문제라고 할 수 있다. 성적 성숙과 인격 형성의 관계가 명확하게 나타나는 것은 전사춘기 이후의 심신의 발달이 현저하게 일어날 때라 할 수 있다.

따라서 성(sexuality)은 단지 쾌락이나 만족만이 아닌 여러 가지의 정신적·심리적 의미를 포함하며 그 중 가장 중요한 것은 상호간의 친밀감과 상대방에 대한 자신의 수용이다. 그러므로 건강한 인격성숙의 근원이 되는 가족은 성(sexuality)에 대한 개념을 형성하는 데 매우 중요한 영향을 준다.

2) 성행동의 유형

성의 개념 형성과 밀접한 관련이 있는 혼전 성교, 부부의 성, 혼외정사와 같은 다양한 성행동 유형에 대하여 살펴보도록 하자.

(1) 혼전 성교

최근 들어 혼전 성교가 급속히 증가하고 있는 추세이다. 혼전 성교의 증가 원인은 매우 다양하나 특히 상업화되고 왜곡된 성문화가 말초적인 성충동을 자극하는데도 하나의 원인을 찾을 수 있겠다. 또한 예전에 비해 성에 대한 개방적인 분위기도 혼전성교에 일조를 하고 있으며, 결혼 연령이 점차 늦어지는 것도 원인이라 할 수 있겠다.

이러한 혼전성교에 대해서 사람들은 여러 가지 견해들을 갖고 있다. 유리히와 유리히(Jurich & Jurich)는 혼전성교에 대한 태도를 다음과 같이 5가지로 분류하고 있다.

① 이중적 기준 : 남성의 혼전 성관계는 허용될 수 있으나, 여성의 혼전 성관계는 안된다는 태도이다.
② 애정을 바탕으로 허용: 사랑하는 사람 사이에는 결혼 전이라 할지라도 성관계를 가질 수 있다는 견해이다.
③ 애정 없는 허용 : 반드시 애정이 없더라도 결혼 전의 성관계는 허용될 수 있다는 태도이다.
④ 동의에 의한 허용 : 서로가 성관계에 대한 동의만 있다면 결혼 전의 성관

계는 애정에 상관없이 허용될 수 있다는 태도이다.

⑤ 전통적 기준 : 결혼 전에는 남녀 모두 성관계를 가져서는 안된다는 태도이다.

대부분의 부모들과 학교는 금욕주의적 태도를 취하고 있지만 요즈음 젊은 세대들은 애정만 있으면 가능하다는 쪽으로 분위기가 조성되어 있다. 하지만 아직도 많은 젊은이들이 전통적 성가치관과 급변하는 성가치관 사이에서 혼란을 겪고 있다.

요즘 젊은이들이 명심해야 할 것은 혼전의 친밀한 성행위를 가졌던 구세대 성인들은 임신문제가 가장 큰 문제였지만 지금은 임신이외에도 죽음을 초래하는 병에 걸릴 위험성을 고려해야 한다는 것이다. 신체적인 고통은 말할 것도 없거니와 금전적·사회적인 여파와 관련하여 이런 질병들이 미치는 엄청난 영향력은 우리의 성을 재고하도록 만든다. 이런 성도덕의 변화야말로 성적인 접촉에 기인한 질병을 줄일 수 있는 유일하게 효과적인 방법이다. 오늘날 유일하게 안전한 성은 평생토록 일부일처제의 관계 안에서 누리는 성이다. 결혼하기까지는 절제가 유일한 대안이다.

(2) 부부간의 성

부부간의 성은 결혼만족도에 큰 영향을 주는 결혼생활에 매우 중요한 부분이다. 물론 만족스러운 성생활이 훌륭한 부부생활을 촉진하는지 아니면 좋은 결혼생활이 만족스러운 성생활을 촉진하는지 확실히 구분 짓는다는 것은 매우 어렵다. 그러나 부부의 친밀성이 성적 즐거움을 유도하며, 이것이 다시 부부간의 만족을 증가시키는 것은 분명하다.

결혼한 부부들의 성생활은 신혼에는 빈도가 잦다가 결혼 후 첫 5년 동안 급속한 감소를 보이는데 이는 첫아이를 출산하면서 육아로 인한 신체적 피로, 시간적 여유 부족으로 인한 것이다. 그러나 우리나라에서는 대부분의 남자들이 육아는 여성의 일로 치부해 버리기 때문에 성생활에서의 불만을 갖게 되는 경우가 많아 부부갈등을 초래하기도 한다.

(3) 혼외정사

대부분의 사람들은 혼외정사에 대해 매우 부정적인 태도를 취함에도 불구하고, 최근 들어 가정이 흔들리면서 혼외정사가 증가하고 있으며, 심지어 매스컴에서도 혼외정사를 아름다운 것으로 묘사하는 드라마, 소설이 인기를 끌고 있는 실정이다.

수잔 스퀴어스(Susan Squires)는 '혼외정사는 결혼생활에 도움이 필요하다는 표시이며 상황적인 스트레스에 기인하는 관계의 결점을 보상하려는 시도이고, 누군가가 고통을 당하고 있는 경고이다'라고 하였다.

혼외정사는 비밀혼외정사, 합의 혼외정사, 애매한 혼외정사의 3가지 유형이 있다(Clanton, 1971). 비밀혼외정사는 다른 사람과의 성행위 사실을 배우자가 전혀 모르게 유지하는 것을 말한다. 합의 혼외정사는 다른 사람과의 성행위에 대해 배우자가 알고 있으나 이를 묵인하고 인정하지 않는 것이다. 심지어 적극적으로 부부를 교환하는 혼외정사도 있다. 마지막으로 애매한 혼외정사는 한 배우자가 상대의 혼외정사 사실을 알게 되지만 모르는 척 하는 것이다. 대개 그러한 행동은 이혼으로 치닫게 되는 부부간의 싸움이나 충돌을 회피하기 위해 묵인되는 것이 보통이다. 혼외정사에 대한 사회의 시각은 여전히 부정적이지만 최근 들어 사회가 불안해지면서 가정이 흔들림에 따라 급격히 늘어나고 있는 실정이다.

그렇다면 사람들은 왜 혼외정사를 할까? 몇 가지 일반적인 이유를 알아보도록 하자.

① 부정한 배우자의 성격장애
② 부정한 배우자의 성 중독
③ 발달위기
④ 유혹의 상황
⑤ 부정한 배우자의 무의식적, 비현실적, 비대화적 기대

⑥ 부정한 배우자의 현실에 대한 대화적 기대의 충족 실패

⑦ 부정한 배우자의 자아욕구 충족실패

⑧ 충실한 배우자의 무의식적 비현실적 비대화적 기대

⑨ 충실한 배우자의 상호의존을 포함한 정신병리학

⑩ 기대 체계와 연관된 이유

한편, 도티(Dorty, 1988)는 위기 요인들의 목록을 만들었는데 그 요인들은 다음과 같다.

배우자 부모의 외도 경험, 결혼 전에 빈번한 성경험이 있는 경우, 배우자에 의해 배신당한 배경이 있는 경우, 배우자와의 사이가 멀어진 경우, 배우자에게 강한 질투심을 가지는 경우, 결혼에서 벗어나고 싶어 하는 경우, 성관계에서 만족하지 못하는 경우, 배우자가 비만일 경우, 배우자가 고질적인 육체적 질병을 앓고 있는 경우이다.

이상과 같은 것들을 종합해 볼 때, 다음과 같은 혼외정사의 원인으로 나누어진다.

첫째, 결혼에 대한 불만족을 들 수 있다. 결혼생활이 불행한 사람들은 단순히 애정을 추구하기 위해 혼외정사를 추구한다. 또한 상대방에 대한 분노의 표현으로 혼외정사를 하기도 한다.

둘째, 부부간의 성적인 불만족은 직접적으로 혼외정사에 대한 관심을 부추기는 동기가 된다. 이런 경우의 사람들은 단순히 혼외정사에서 자신의 부부관계로부터 얻지 못하는 성적 만족을 추구한다.

셋째, 결혼생활에 만족을 하면서도 새롭고 다른 성적 경험에 대한 갈망이 원인이 될 수도 있다. 그러나 이러한 동기로 혼외정사를 하는 사람들은 실망하는 경우가 더 많다.

마지막으로 특정한 동기는 없으나 우연한 기회에 서로에게 매력을 느끼게 되어 혼외정사를 하는 경우가 있다.

어떤 동기로 인한 결과이든 간에 혼외정사는 결혼 생활에 있어서 부부간에 신뢰와 애정에 손상을 주는 충격으로 작용하며 결혼에 파괴적 영향을 끼친다.

♡ 데이트와 사랑 ♥

1. 데이트는 왜 하는지, 시간을 어떻게 보내야 하는가?

데이트는 이성간의 더 나은 의사소통법을 배우게 하고 사회적·정서적 성장을 줄 수 있으며 사랑하고 사랑받을 필요를 충족시켜 준다. 그러나 무엇보다 이상적인 배우자상을 세우게 하고 결혼상대자가 될 가능성이 있는 사람과 접하는 기회를 갖는 것이다. 처음부터 낭만적인 분위기를 찾는 것보다 친구처럼 편안한 분위기 가운데 상대에 대해 알아 가는 것이 좋다. 공통의 경험을 쌓아가면서 그 사람의 전체 삶을 알아 가는 것이 중요하다.

2. 어떻게 하면 좋은 배우자를 만나고 고를 수 있을까?

좋은 사람을 만나기 위해서는 먼저 좋은 사람이 되어야 한다. 자신이 상대방에게 원하는 것을 적어 본 후 그 기준에 비추어 나는 얼마나 준비되어 있는지 평가해 본다. 우선 성격을 구체적으로 구분하여 점검한다. 그밖에 지식, 외모, 인생의 목표, 흥미와 가치기준, 도덕적 상품, 창의성, 양육, 진실성 등 자신이 원하는 바를 적는다. 사랑에 빠지고 나면 이성적으로 판단하기 어렵다. 지금 사랑에 빠져 있다면 그 사랑이 성숙하게 자라갈 수 있는지 시험해 본다. 시간이 지나도 서로가 지속적으로 돌보며 격려하고 세워주는 관계가 되는지 기다린다. 자연스러운 이끌림이나 감정적인 흥분이나 의사소통이 잘되고 서로를 배려하고 헌신하며 노력하고 있는지 지켜본다. 그리고 과거를 파악한다. 어떤 사람인지 아는 것이 중요하다. 서로를 잘 이해하는지, 가치관이 비슷한지, 대화를 통해 친밀감을 느끼고 있는지, 어떤 역할을 상대에게 기대하고 있는지 점검한다.

3. 상대방과 더욱 가까워지기 위해 어떻게 노력해야 하는가?

이런 실문을 하는 사람이면 싱대에 대힌 호감이나 사랑의 감정을 가진 사람이다. 이러한 감정은 관계를 끌어가는 중요한 요소가 될 수도 있지만, 조심스럽게 다루어야 한다. 욕망에 끌려 다니지 않도록 사랑의 감정이 아름답게 자라갈 수 있도록 의지적으로 노력해야 한다. 대화를 통해 친밀감을 추구하라. 정직하게 자신을 드러내어 알려주어야 한다. 상대 역시 정직하게 가족과의 관계, 성장 배경, 친구들과의 관계에 대해 말하는지 살펴보라. 상대의 말을 잘 들어주고 비밀을 지켜주며 대화가 잘 오고갈 수 있도록 그의 이야기에 관심을 나타내라. 애정을 감추지 말고 말로, 친절한 행동으로, 때로는 선물로 마음을 표현하라. 그를 칭찬하고 감사의 뜻을 전하라. 주의할 것을 그에게 자유를 주는 것이다. 그를 지배하려하거나 동정심을 유발하여 어쩔 수 없이 자신의 뜻대로 끌려오게 한다거나 그로 하여금 빚진 마음을 하려고 하지 말아라. 진정한 사람은 개인만의 공간과 성숙을 존중한다.

4. 그 사람과 마음 상하지 않게 헤어지는 방법에 대해

헤어지기로 마음먹었다면 시간을 끌지 말아야 한다. 그렇다고 예고 없이 상대에게 절교를 선언해서도 안된다. 특히 성격적인 문제로 부딪혀 왔다면 경고를 주어야 한다. 절교를 말할 때는 미련을 갖게 해서는 안된다. 그러나 태도는 정중하게. 지금까지 느꼈던 좋은 점, 고마운 것들을 이야기하라. 그리고 헤어지겠다고 마음먹은 이유를 솔직하게 말하라 아무리 인격적으로 예의바르게 해도 이별은 상처를 남긴다. 그가 좋은 짝을 만나길 기도하라. 상처로 인해 무분별하게 교제하지 않도록 주의하라. 아픔을 친구와 나누고 바쁘게 지내라. 여행이나 스포츠, 취미 혹은 일들에 집중함으로써 상처를 잊을 수 있도록 하라. 될 수 있으면 헤어진 그 사람과 자주 마주치지 않는 것이 좋다.

☞ 잠깐 생각해 봅시다

혼전성교에 대해 어떻게 생각하십니까?

제 4 장 가족관계

1. 부부관계
2. 부모-자녀관계
3. 고부관계
4. 형제자매관계

제 4 장

가족관계

1. 부부관계

부부관계는 결혼이라는 제도를 통해 결합된 관계로 비혈연관계이기는 하지만 가장 가까운 관계를 형성한다. 그 동안 다른 두 가정에서 성장한 남녀가 부부관계를 이루고 공동의 생활을 해 나가는 것은 쉬운 일이 아니며 서로에게 적응하려는 노력을 통해 성숙되고 만족한 관계로 발전해 가는 것이다.

1) 부부역할

부부는 결혼에 의해 남편으로서 또는 부인으로서의 역할을 수행하게 되고 그에 따른 역할을 기대 받게 된다. 부부간의 역할 수행은 사회에서 요구하는 남성과 여성에 대한 성역할 개념의 변화에 따라 변화되고 있다. 전통적인 부부간의 역할에 대해 파슨스는 남편의 역할을 수단적 역할, 아내의 역할을 표현적 역할이라고 부부의 역할을 정의하였는데, 남편의 수단적 역할은 가족의 균형 유지와 대외 목적에 대한 바람직한 관계를 수단적으로 수립하는 역할이며, 아내는 가족 구성원을 통합하고 가족 관계의 유지와 긴장을 완화하는 역할을 한다(유영주, 1980).

시대가 변화함에 따라 전통적인 부부간의 역할도 변화되고 있다. 물론 남편은 대외적인 일을 주로 담당하고, 아내는 가족의 기능을 원활하게 하는 정서적인 역할을 수행한다는 데에는 변함이 없지만, 현대 사회로 오면서 부부간의 역할 분담에 변화를 요구하게 되었으며, 전통적인 남편의 역할, 부인의 역할로 구분하여 규정할 수 없게 되었다. 이러한 부부간의 역할 규정은 부부갈등을 야기할 수 있으며, 남편과 부인이 융통성 있게 역할을 공유하고 분담하도록 해야 한다.

2) 부부권력

모든 사회적 관계에는 권력이 존재하며 가족원간의 관계에는 가족권력, 부부간에는 부부권력이 존재한다. 가족권력의 중심인 부부의 권력도 부부 개개인이 가지고 있는 자원이나 의사결정 방법 등에 따라 다르게 나타나고, 부부관계뿐만 아니라 가족의 여러 면에 영향을 주므로 중요하다.

① 부부 자율형

남편 혼자 결정하고 행동하는 영역과 부인 혼자 결정하고 행동하는 영역이 따로 존재한다. 시장 보는 일은 부인 혼자, 바깥 대소사는 남편 혼자 결정하는 유형이다.

② 남편 지배형

부부가 공동으로 행동하는 것과 부인이 혼자 행동하는 것이 모두 남편의 결정 아래서 이루어지는 것으로 남편의 지배하에 결정되고 행동하는 관계이다.

③ 부인 지배형

남편 지배형과 반대로 남편이 행동하거나 부부가 함께 행동하는 것이 부인의 결정에 따라 이루어지는 관계이다.

④ 부부 공동형 또는 부부 조합형

부부가 공동으로 결정하고 행동하는 경우이다. 공동으로 행동한다는 것은 부부가 똑같이 행동한다는 것이 아니라 협조적이라는 뜻으로 부부가 대등한 관계로서 모든 일을 합의하에 결정하는 유형이다.

우리나라의 경우 부부 자율형이 가장 많고 다음이 부부 공동형, 남편 지배형, 부인 지배형의 순으로 나타났다.

3) 부부갈등

부부는 서로 다른 성장배경과 경험, 가치관을 가지고 있기 때문에 부부 생활을 하는 가운데 크고 작은 갈등이 발생하기 마련이다. 부부는 대부분의 갈등을 적절히 해결하면서 부부관계를 발달시키게 되지만, 이 갈등을 해결하지 못하면 폭력이나 이혼으로 파급되기도 한다.

(1) 부부갈등 유형

갈등의 유형은 본질적인 갈등과 생활 속에서 발견되는 갈등으로 나누어 볼 수 있다. 첫째, 가족 관계의 본질과 관련된 가족 갈등으로 가족구성원으로서 기본적인 가치나 목표가 무시되거나 도전받게 될 때 발생하는 갈등이다. 이러한 갈등은 매우 고통스러우며, 가족 체계에 역기능적 영향을 주기 때문에 해결되지 않으면 별거나 이혼을 초래할 수 있다.

둘째, 본질적인 문제와는 별도로 생활 속에서 일상적으로 일어나는 가족 갈등으로 이는 가족 간의 관심과 욕구의 차이로 생기는 것이다. 예를 들어 누가 오늘 저녁 설거지를 할 것인지, 또는 휴가는 어디로 갈 것인가와 같은 것에 대한 사소한 문제로 발생하는 갈등을 말한다. 그러나 이러한 갈등은 타협을 통해 해결할 수 있지만 만약 갈등이 해결되지 않고 누적된다면 본질적인 갈등으로 변화될 우려가 있다.

(2) 갈등이 부부관계에 미치는 영향

갈등은 부부관계에 긍정적인 측면과 부정적인 측면으로 영향을 미칠 수 있다 (N. Stinnett, J. Walters and E.kaye, 1979).

① 긍정적인 측면

갈등의 긍정적인 측면은 마음속에 두었던 긴장과 적의 등을 갈등의 표출로써 해소하게 되어 분노의 감정을 해소하고 정신건강을 유지할 수 있다는 것이다. 또한 갈등을 노출시킴으로써 부부간의 실제 문제가 무엇인지 인정하고 당면문제에 대해 해결책을 모색할 수 있으며, 이러한 과정을 통해 상대방을 이해하고 결혼관계에 대한 새로운 평가와 서로에 대한 긍정적인 감정을 가꾸어 나갈 수 있다.

② 부정적인 측면

심각한 갈등이 제대로 해결되지 못하고 누적된다면 정신적 긴장을 유발하게 되어, 가정생활이 힘겨워지고, 심한 경우에는 신체적 부적응으로 나타나기도 한다. 또한 갈등은 상대방에 대해 계속적인 공격을 가해 부정적인 자아관을 형성하게 하여 서로를 소원하게 하는 부정적 측면도 갖고 있다. 부부사이의 신뢰가 감소될 때 갈등은 가족 관계에서 역기능적인 작용을 하게 된다.

갈등이 적당한 때에 적절한 방식으로 해결되지 못하면 부부관계는 더욱 소원해지며, 결국은 상대방에 대해 체념을 하게 되거나 극단적인 단계에 가서는 헤어질 수도 있다. 따라서 부부간의 갈등을 어떻게 해결하는가에 따라서 부부사이가 더욱 원만해지기도 하고, 반대로 한 집안에서 갈등에 길들여져 상대방에게 체념한 채 남남처럼 등을 돌리고 살기도하며, 때로는 파국에 이르기도 한다.

(3) 갈등의 해결양식

① 갈등의 해결방법

갈등의 해결 방법은 회피, 적응, 경쟁 ,타협, 협력 등이 있는데, 개인이 가정생활의 좋은 관계 유지에 중점을 두느냐 혹은 개인의 목표 성취에 중점을 두느냐에 따라 달라진다.

첫째 갈등의 해결양식에서 회피는 갈등을 그저 피하는 것으로 소극적인 대처양식이다. 즉, 폭풍이 일 때 근본적인 해결책이 없이 미봉책으로 덮개를 찾는

격이다.

둘째, 적응은 다른 가족 구성원의 욕구나 요구를 채워주나 자신의 욕구는 외면하는 갈등해결 양식으로 경쟁과 반대되는 것이다.

셋째, 경쟁은 공격적이면서도 자신이 원하는 것을 추구할 때 사용하는 것으로 자신에 대한 관심이 높아서 다른 가족구성원의 욕구는 염두에 두지 않고 자신이 필요로 하는 것을 추구하는 갈등해결 방법이다.

넷째, 타협은 다른 가족원의 욕구에 대해 관심을 가지고 갈등을 가진 양쪽의 성원들이 모두 자신이 손해를 보지 않고 느낄 수 있도록 해결점을 찾는 방법이다.

마지막으로 협력은 갈등 상황에서 각자의 욕구를 부분적으로 만족시켜 주는 해결양식으로 모든 사람들이 수긍할 수 있게 각자의 갈등을 조정해 나가는 것이다.

4) 부부 적응 유형

쿠버와 하로프(Cuber and Harroff, 1986)는 정상적이며 안정된 결혼생활의 실체와 그 다양성을 보여주는 다섯 가지 부부 적응 유형을 분류하였다.

(1) 갈등이 습관화된 부부관계

이러한 부부관계는 긴장, 갈등의 연속으로 잔소리, 말다툼이 끊이지 않고 사적으로나 공적으로나 상대방을 비난한다. 이들의 갈등은 사소한 일상생활의 견해 차이에서부터 도덕, 종교, 정치 문제 등에까지 다양하며, 단지 함께 있는 것 자체만으로도 싸움이 일어날 충분한 이유가 된다. 그러나 결혼을 해체시킬 만한 극심한 갈등은 겪지 않아 파국에 까지 이르는 일은 거의 없다. 이들은 싸우면서 살아가는 관계이다.

(2) 생기를 잃은 부부관계

신혼 초기에는 낭만적 사랑과 친근감에 휩싸여, 활기차고 강력한 감정적 교류가 있었으나, 결혼 생활이 지속됨에 따라 생기를 잃고 피상적인 관계에 머무르는 부부를 말한다. 이는 주변에서 흔히 볼 수 있는 부부관계 유형으로, 표면적 갈등은 적으나 만족감과 행복감이 결혼 지속 연수에 따라 감소되어 그럭저럭 결혼생활을 유지하는 부부들이다.

(3) 소극적, 공리주의적 부부관계

이 부부관계는 생기를 잃은 부부관계와 비슷하나, 신혼 초부터 감정적 개입 없이 상호피상적 관계이었음이 다른 점이다. 부부 각자 자신의 관심사에 몰두할 따름이며, 상대방에 피차 관여하지 않고 각자의 생활을 영위한다. 또한 부부관계에 관심이나 감정의 비중을 크게 두지 않는다. 대신에 자신의 직업적 성공, 가사, 사회활동 등에 관심과 비중을 크게 두는 부부관계로 개인생활을 우선시하며 부부간의 유대는 이차적인 것으로 본다. 즉 이들은 상호필요와 편리에 의해 결혼했기 때문에 남편은 살림 잘하고 자녀를 잘 기르는 부인이면 족하고, 부인은 경제적 안정을 보장해 주는 남편이면 족하다. 이들의 부부 관계는 감정의 교류가 없는 '함께 있으나 공허한' 단조로운 관계이다.

많은 부부가 이러한 유형에 속하며, 이들은 결혼 이외의 더 나은 대안을 찾을 수 없기 때문에 생활을 지속하는 것이다. 즉, 좋은 요리사, 함께 즐길 수 있는 사람, 성생활의 파트너, 경제력의 확보, 기혼자를 지지하는 사회적 규범 등 편리와 필요에 의하여 결혼하는 사람들로 실용적인 결혼이라 할 수 있으나, 부부간의 상호작용 수준이나 친밀감은 수준이 낮은 편이다.

(4) 생기 있는 부부관계

이 유형은 다음에 언급할 전면적 부부 관계와 함께 비교적 이상적 유형이라 할 수 있다. 이들은 부부가 심리적으로 강하게 연결되어 있으며, 둘의 관계에 큰 비중을 두며 '우리'의식으로 함께 참여하고 즐기고 행동한다. 즉 동료감에서 주된 만족감을 얻으며, 부부관계 자체가 각자에게 매우 중요하나, 어느 정도의 독자성도 지녀서 사회생활에도 성공적이다.

(5) 전면적인 부부관계

생기 있는 부부관계와 흡사하나 보다 많은 측면에서 상호 동료감과 관여도가 높은 유형이다. 부인은 여러 가지 양상으로 남편 일에 참여하며, 갈등이 있을 때는 누가 옳고 그른가 보다는 긍정적 상호관계를 그대로 유지하는데 더 큰 관심이 있다. 즉, 이 유형은 친밀하고 깊이 몰두하는 내면적 관계의 부부들이다.

생기있는 부부관계와 전면적인 부부관계의 2가지 유형은 본질적인 결혼으로 부부간의 상호작용 그 자체를 보상으로 여기며, 결혼 생활을 통하여 친밀감의 욕구를 충족하는 부부들이다.

☞ 잠깐 생각해 봅시다

자신의 부모님은 어떤 부부 적응 유형에 속합니까? 그렇게 생각한 이유는 무엇입니까?

♡ 부부의 친밀감 ♥

(1) 지적인 친밀감

상호 조주의 맥락에서 서로의 생각을 공유하고 평가하는데서 비롯되는 친밀감을 말한다.

(2) 정서적인 친밀감

자신의 배우자와 자신의 깊은 감정을 함께 나누는 것을 말한다.

(3) 미적인 친밀감

아름다운 폭포나 해돋이 또는 한 곡조의 음악과 같이 아름다운 것을 함께 경험하면서 나누는 것을 말한다.

(4) 창조적인 친밀감

무엇인가 함께 창조하는 행동을 말한다.

(5) 오락적인 친밀감

함께 놀고 즐거워하는 경험을 나누는 것을 말한다.

(6) 성적인 친밀감

서로 사랑하고 헌신하는 가운데 성적인 즐거움을 함께 나누는 것을 말한다.

(7) 일의 친밀감

두 사람이 어떤 일을 이루기 위해서 친밀하게 협조하며 함께 일하는 것을 말한다.

(8) 위기의 친밀감

부부가 문제와 고통을 함께 극복한 다음 서로에게 더욱 가까워진 것을 발견했을 때 생겨나는 친밀함을 말한다.

(9) 헌신의 친밀감

두 사람이 자신들이나 자신들의 결혼보다 더 큰 대의에 투자한 후에 생겨난 감정이다.

(10) 영적인 친밀감

두 사람이 자신들의 영적인 신뢰와 헌신, 목표를 함께 나눌 때 이루어지는 친밀함이다.

2. 부모-자녀관계

1) 부모됨의 동기

자녀를 출산함에 따라 부부는 아버지와 어머니라는 또 다른 지위를 획득하게 된다. 우리 사회에서 부모가 된다는 것은 긍정적이고 바람직한 것으로 받아들이며, 부부는 자녀를 갖도록 기대하고 실제로 대부분의 부부들은 자녀를 가지고 부모가 된다.

부모가 되고자 하는 동기는 자녀를 갖기 전에 존재하는 것이며 또한 부모가 될 것인지, 아닌지를 선택하는데 영향을 준다. 라빈(Rabin, 1965)은 부모가 되는 동기를 4가지로 설명하고 있다.

첫째, 숙명적인 동기에서 자녀를 갖는다. 아이를 갖는 것은 자연의 섭리이며 이러한 숙명적인 임무를 이행함으로써 가계가 이어진다고 생각한다.

둘째, 이타주의적인 견해로 부모가 되어 자녀에 대한 관심과 애정을 표현하고자 하는 비이기적인 바람과 욕구에서 부모가 되고자 한다.

셋째, 자기도취적인 동기를 들 수 있다. 부모가 되는 것은 자신이 자녀를 생산할 만큼 성숙하여 성인 집단에 속했음을 나타내주며, 정서적인 안정을 이룩할 수 있다는 점이다.

넷째, 도구적인 동기이다. 자녀가 부모를 대신하여 어떤 목적을 달성해 주기를 바란다든지, 자녀를 통해 그들의 어린 시절을 다시 살 수 있다고 생각하는 것이다, 그런가하면 자녀가 부부간의 문제나 결혼 생활이 파경으로 끝나는 것을 막아준다든지, 손자를 낳으라고 압력을 가하는 조부모를 만족시키기 위해 무모하게 자녀를 갖는 것도 도구적 범주에 속한다.

우리나라의 남녀 대학생이 부모가 되고자 하는 동기를 조사한 결과(이재연・김경희, 1988) 자녀를 가짐으로써 가정을 이루고 부부간의 애정을 연결시키는 매개체가 된다는 가족의 결속을 가장 많이 들고 그 다음으로는 자아의 확장으로서 자신의 분신을 낳아 가계를 계승시킬 수 있기 때문이라는 점, 그리고 성인의 지위를 획득하게 된다는 점을 들었다.

이와 같이 다양한 동기에 의해 부모의 지위와 역할을 획득하게 되는데 그 역할은 결코 쉬운 것이 아니며 저절로 습득되는 것도 아니다.

2) 부모-자녀관계를 결정짓게 하는 요인들

부모는 자녀가 성장·발달하는데 매우 중요한 환경이다. 심리적·정서적으로 건강한 부모가 자녀의 올바른 성장을 이끌 수 있는 것은 두 말할 것도 없다. 여기서는 자녀의 문제행동과 밀접한 관련이 있는 심리적·정서적으로 건강하지 못한 부모의 특성에 대해서 살펴보고자 한다.

(1) 부모의 성장 과정

부모의 양육 태도는 자녀의 행동 문제 발생과 밀접한 관련이 있으며, 이러한 양육 태도를 구성하는 지배적 요인 중 하나는 부모 자신들의 성장과정이다. 즉, 부모 자신의 어린 시절 양육경험을 그대로 자신의 자녀에게 전하는 경우와, 반대로 자신들의 경험과는 반대되는 방식으로 자녀를 양육하려는 경우가 있다. 예를 들어, 전자는 엄격하게 교육받은 부모가 같은 방식으로 엄하게 자식에게 벌을 주는 경우를 들 수 있고, 후자는 이와 반대로 자녀에게 절대로 체벌을 가하지 않는 무조건적인 허용적 양육태도를 갖는 경우이다. 하지만 이 두 가지 어떤 양육태도 모두가 자녀의 성장에 좋지 않은 영향을 주게 된다. 이처럼 부모의 성장과정은 부모 자신의 인격 형성에 큰 결정요인으로 작용하기 때문에 양육태도와 밀접한 관련을 맺게 된다.

(2) 부모의 정서문제

불안, 불만, 과민성, 신경증, 정신병 등 부모의 정서 문제나 정서적 부적응은 아동의 정서에 직접적인 자극과 위협을 준다. 습관적인 분노의 폭발 등의 부모의 부적절한 정서의 표출은 다른 가족원들, 특히 자녀들에게 정신적·육체적 고통을 주게 된다. 또한 부모가 보이는 불만, 반감, 질투, 불안정감 등의 정서는 심하면 자녀의 정서 장애와 연결되어, 유아의 경우 공격성, 함묵증, 야뇨증 등의 증상을 나타나게 하고, 아동의 경우 또한 절도, 폭력, 기타 비행이나, 불안을 바탕으로 하는 특이한 신경증 경향으로 나타나는 경우가 많다.

(3) 부부 불화

부부의 불화나 반목, 대립은 아동들의 안정감을 저해하고, 가족의 소속감이나 애정을 감소시키는 원인이 된다. 부부간의 대립이나 반목의 이유로써 상대의 부정, 낭비벽, 육아상의 의견 불일치, 성격차이 등이 있는데, 이러한 부모의 불화를 지켜보는 아동의 마음속에 생기는 갈등이나 불안정감이 행동 문제의 원인이 되는 경우가 많다.

(4) 부모의 알코올

심리적 갈등, 노여움, 욕구불만, 기타 불안 등 여러 가지 원인으로 야기되는 정신적 긴장을 풀기위해 많은 현대인들이 알코올을 남용하게 된다. 특히 미숙하고 의존적인 인격을 가진 사람은 자신의 불안을 감소시키고자 알코올에 빠져드는 경우가 많다. 그러나 음주에 의한 불안의 감소는 극히 순간적일 뿐으로 결과적으로 소극적으로든 적극적으로든 억압·제지되었던 공격성을 표출하게 되는 것이다. 또한 음주로 인하여 억압되었던 성(性)적 감정이나 적의의 감정이 노출되는 경우도 있다. 이러한 노출된 감정 뒤에는 후회와 죄책감이 뒤따르게 되고, 다시 이것이 원인이 되어서 또 다른 불안이 생기게 되는 결과를 낳는다. 이러한 악순환이 거듭되면서 걷잡을 수 없이 알코올에 빠져들게 되고 마침내는 알코올 중독이 되는 경우가 많다. 상습적인 음주는 가족간 갈등의 직접적 원인이 되어, 싸움, 반목, 폭력, 빈곤, 태만, 사회적 낙오 등을 불러일으키며, 가정파괴의 커다란 위협 요인이 된다.

(5) 일 중독

일 중독자는 직업적인 성공을 얻기 위하여 가정을 등한시하고 병적으로 일에 몰두하게 된다. 그러나 일 중독자들의 경우, 사회적으로 성공을 거두는 긍정적 이미지가 강하기 때문에 가장 정의하기 어려운 문제이기도 하다. 심지어 일 중독자의 가족들조차도 그가 지나치게 일에 열중하는 것에 대하여 상반된 감정을 갖게 되는데, 즉 가족간의 상호유대 및 관계를 유지할 수 없다는 것에 대해서는 일 중독자에게 불만을 가지지만, 이로 인해 얻어지는 물질적인 혜택에서는 계속 지원 받기를 원할 수도 있다는 것이다. 하지만 일 중독자는 부모로서의 역할을 수행 할 수 없기 때문에 결국에는 가족간의 상호유대 및 관계에 부정적 영향을 미치게 된다.

(6) 부모의 성적 방종

부모의 성적 방종은 자녀의 정서적 안정에 악영향을 미치고, 더 나아가 자녀의 성적 관심을 과도하게 자극시킴으로써, 성적(性的) 부적응을 초래하는 요인이 된다.

☞ 잠깐 생각해 봅시다

가계도(Genogram)를 그려봅시다.

3) 양육 태도

부모의 양육 태도는 어떤 의미에서는 가정환경보다 더 중요하다고 말할 수 있다. 설사 가정에 악조건이 있다 해도 부모가 적절한 양육 태도로 일관한다면 자녀의 정서적인 안정을 꾀할 수 있다. 반대로 가정의 외적 조건에 있어서는 아무런 문제가 없다할지라도 양육 태도에 문제가 있다면 자녀의 행동 문제를 야기시키는 경우를 우리는 주변에서 쉽사리 찾아 볼 수 있다. 물론 가정 상황과 양육 태도는 밀접한 관련을 가지고 상호 작용한다는 것은 말할 것도 없다.

그러나 무엇보다도 중요한 것은 가정의 정서적 측면, 즉 부모의 따뜻한 사랑의 분위기 속에서 자녀들이 양육될 때, 건강한 자아감을 발달시키게 되는 것이다. 적절한 정서적 양육을 제대로 받지 못하는 환경에서는 개인의 건강한 자아감의 발달이 방해받는다. 더구나 인격형성의 기초가 형성되는 유아기에 부모의 양육태도가 미치는 영향은 절대적인 것이라고 할 수 있다. 그러므로 자녀의 인격형성에 악 영향을 주고, 나아가 여러 문제를 일으키는 원인이 되는 부모의 양육태도에 대해서 자세히 살펴보고자 한다.

(1) 거 부

① 원 인

부모의 심리적 문제가 가장 큰 원인이다. 즉 부모가 정서의 미성숙, 신경증적, 정신병적인 경향을 나타낼 경우 거부적 양육태도를 취하게 된다. 또한 원치 않은 임신으로 인하여 태어난 아이(unwanted baby)인 경우에도 심리적 부담을 느껴 애정을 갖기가 힘들어 결국 거부적 양육태도를 취하게 된다. 그리고 아이의 출생이란 사실에 대해 적절히 적응 하지 못할 때도 거부의 원인이 된다.

때로는 부모 자신의 정서 문제(예를 든다면 자기혐오, 질투)를 해결하기 위한 수단으로써 자녀를 거부할 때도 있다. 예를 들어, 자녀가 어머니와 지내는 시간이 많은 것에 대해서 질투하는 아버지는 자녀에게 신경질을 냄으로써, 즉 거부적인 양육 태도를 취함으로써 자신의 질투를 진정시키려고 한다. 또한 자신에 대해 증오를 품고 있는 사람의 경우 자녀를 자기와 동일시(同一視)하여, 자녀에게로 증오를 전이하여 거부적 양육태도를 취하기 쉽다.

② 형태 및 결과

거부의 형태로는 적의와 무시가 있으며, 이는 모두 거부를 직접적으로 표명한 것이다. 거부의 양육태도를 보이는 부모는 초조감, 질책, 엄벌, 무시, 욕설, 학대, 방임 등의 특징을 보인다. 이러한 결과 자녀는 애정 기아(affect hunger)가 일어나게 된다.

이것은 부모자녀관계 특히 어머니와 자녀와의 관계에서 어머니가 자녀에 대한 친밀감을 느끼지 못할 때, 애정결핍이 일어나며, 결국 자녀의 행동문제의 근원이 되어, 성적(性的)공격경향, 도벽, 거짓말, 비정한 행동 등을 초래하게 된다. 거부는 이외에도 보상적 과잉보호(compersatory over protection)와 완전욕(perfectionism)이라는 결과를 낳기도 한다.

(2) 다른 형제의 편애

① 원 인

다른 형제 편애는 부모의 욕심이 강하거나, 다른 형제의 학업성적이나 성격경향 등이 뚜렷하게 우수할 경우 특히 잘 나타난다.

또한 부부간의 갈등이 심한 경우, 편가르기식의 편애가 일어나기 쉽고, 다른 형제에 비해 공격적 내지 자폐적인 자녀에게 자연히 비난과 공격적인 말을 던지게 된다.

② 형태 및 결과

편애는 거부와 애정적 태도의 절충형으로 나타난다. 다른 형제를 모델로 예를 든다는 것은 분명한 거부적 표현이지만 한편으로는 자녀에 대한 왜곡된 관점의 표현일 수도 있다. 편애하는 부모를 가진 자녀들이 형제간에 경쟁심이나 질투가 증대하는 것은 당연한 일이라 할 수 있다. 이러한 감정은 또한 부모나 형제에 대한 적의나 공격심을 유발하고, 또한 절망감, 불안정감의 원인이 된다.

유아기나 아동기의 편애는 신경성 증후를 보일 수 있다. 즉, 손가락 빨기, 손톱 깨물기, 말더듬, 심인성 변비 등이 그러한 것들이다. 그러다가 성장하여 사춘기에 이르면 반항적 태도로 표출되며, 비행의 직접 요인이 될 경우도 많다.

(3) 방 임

방임적 태도 역시 넓은 의미에서는 거부적 태도에 해당할 수 있다. 단, 방임은 거부와는 달리 적극적으로 자녀를 질책하거나 거부하지 않는 양육태도이다.

① 원 인

자녀에 대한 방임적 태도를 취하게 되는 주된 원인은 부모의 무관심이다. 이는 자녀의 교육에 관해 전혀 흥미나 관심을 나타내지 않고, 자녀의 상태에 대해서도 신경을 쓰지 않는 방관적인 태도이다. 대개 일손이 부족하거나, 빈곤한 가정의 경우, 또는 자녀양육에 대한 무지로 인해서 이러한 태도를 취하게 된다.

때로는 아동에 대한 절망이 원인이 될 때도 있다. 예를 들어, 부모 자신의 뜻대로 양육하려는 장기간의 노력이 수포로 돌아간 경우 등, 자녀 교육에 대해 자신을 잃은 부모에게서 많이 볼 수 있다.

부모의 성격 특성 또한 방임적 태도의 원인이 되는데, 자녀에 대해선 일체 간섭하지 않는다는 생각에서 발생하는 방임도 있다. 혹은 자녀를 짐스러운 존재로 생각하고 애정을 가지지 못하여 방임적 양육태도를 취하는 부모도 있다.

② 형태 및 결과

자녀가 어떤 행동을 하든지 전혀 관심을 나타내지 않는 완전한 방임과, 어떤 특정한 문제에 대해서만 제재를 하거나 간섭하는 조건부 방임으로 나눌 수 있다. 두 가지 모두 부모의 방임적 태도로 인해 자기통제에 대한 훈련이 결여되고, 결국에는 방종과 부도덕 행위나 비행의 길로 빠져들기 쉽다.

하지만 부모의 방임적 양육태도는 어떤 면에서는 자녀에게 자유분방한 가풍을 심어주고, 독립심을 길러주는데 이로울 수도 있다. 단 이런 경우는 무조건 또는 비교육적인 의미에서의 방임이 아니고, 올바른 교육적 통찰을 가졌다는 점에서 허용적 양육태도에 가깝다 할 수 있겠다.

(4) 완전주의

완전주의는 완전주의 또는 이상주의라고 부르기도 한다. 부모의 완전주의적 양육태도는 자녀에 대해서 언제든지 완전 또한 만점이기를 요구하는 태도로 자녀를 숨 막히게 한다. 이런 부모는 자녀의 품행이나 교육에 대해 지나칠 정도로 집착하는 경향이 있다.

① 원 인

부모가 자신에 대한 불만족 감정 즉, 자신들이 충족시키지 못했던 것을 자녀를 통해 실현시키려는 보상심리에서 자녀에 대해 높은 요구수준을 갖는 것이 그 원인이다. 항상 자녀가 이상적으로 행동하고, 학업 성적 등도 모범적으로 되기를 요구하기 때문에 혹독하리만큼 엄격하게 자녀를 대한다.

② 형태 및 결과

부모의 완전주의로 인해서 학업은 물론 자질구레한 일상적 행동에 이르기까지 지나치게 엄격하고 강요적 태도를 취하게 되므로 이에 대한 거부감으로, 자녀가 강박 경향이나 공격 경향을 나타내게 된다. 또한 높은 목표를 향해서 노력하도록 항상 강요하기 때문에 자녀에게 반항심을 갖게 하고, 패배감, 절망감, 자신감 결여 등의 열등감도 가지게 한다.

(5) 과잉보호

부모의 과잉보호는 완전주의와 더불어 최근에 들어와서 두드러지게 나타나는 양육태도이다. 일반적으로 익애(溺愛)라는 형태를 취하지만 자녀를 신체적 · 정신적으로 매우 나약하게 만든다.

① 원 인

과잉보호의 원인은 완전주의와 대비해서 생각해 보는 것이 그 본질을 규명하는 데 편리할 것이다.

과잉보호인 경우에는 우선, 부모(특히 어머니)가 자신의 의지를 자녀에게 강요하는 것으로, 부모 자신의 관점을 중요시한다. 이러한 점이 완전주의가 자녀에게 중점을 두는 것과는 반대이다.

두 번째로 과잉보호는 부모의 지나친 사랑에서 시작된다. 부모에게 있어서 자녀에 대한 지나친 사랑은 그 자체가 목적이고, 수단이다. 즉, 자녀를 지나치게 사랑함으로써 부모 자신의 만족감을 느끼는 것이다. 완전주의는 이와 반대로, 자녀에게 부모의 의지를 강요하는 것으로 이것은 어디까지나 수단이고, 자녀를 잘 양육하려는 이상적 목표의 표현이다. 즉, 완전주의가 이성적 판단에서 출발하는 데 비해서 과잉보호는 정서적 반응이 그 기초가 된다.

세 번째로 완전주의가 아동 속에 있는 불완전성을 제거해 주려는 노력인 데 비해서 과잉보호는 외부의 해로부터 자녀를 보호하려는 의도에서 출발한다. 병이 나지 않도록, 교통사고를 당하지 않도록, 나쁜 친구와 놀지 않도록, 배가 고프지 않도록 자녀를 보호하는 것으로 아동 자신의 관심사에 대해선 신경을 쓰지 않는 점이 그 특징이라고 할 수 있다. 어머니의 과잉보호는 모성 기능의 과잉이며, 모자간의 강한 심적 유대를 가져오는 부적응적 현상이라고 볼 수 있다.

네 번째로 과잉보호는 부모가 자신이 지니고 있는 거부적 태도에 대한 죄의식을 상쇄하려는 의미에서 일어나는 경우도 있다.

② 형태와 결과

과잉보호의 형태는 단순한 과잉보호와 죄책형, 혼합형으로 나누어 볼 수 있다. 단순형은 언제나 자녀를 자기 곁에 두고 싶어 떼어놓으려 하지 않는 밀착형과 자녀를 언제나 갓난아이로 취급하고 돌보아주려는 유아화형(乳兒化型), 또는 자녀가 성장해서 부모의 품으로부터 떠나려고 하는 것에 대해 두려움을 느끼고 저지하려는 사회성숙 저지형 등이 있다. 죄책형은 자신이 자녀에 대해서 거부적 태도를 취하는 것에 대해서 죄책감을 가지고 이를 없애기 위해 의도에서 과도한 보호를 하는 경우이다. 혼합형은 유아기에는 과도한 애정적 태도를 취하고 이후에 거부적 태도를 취하는 것, 이와 반대로 유아기에는 거부적 태도를 취하다가 그 이후 익애하는 경우를 말한다. 두 가지 모두 거부와 보호를 혼동하고 있는 중간형이다.

과잉보호 하에 양육된 아동은 자기 통제력이 약하고, 아동 후기가 되어도 여전히 유아기적 태도를 보이기 쉽고, 청년기, 성년기가 되어서도 심통을 부리거나 뾰루퉁 하는 등의 아동기적 태도를 보이게 된다. 이러한 것을 정서 미성숙이라 한다.

정서 미성숙은 여러 가지 행동 문제를 가져오는데, 왜냐하면 행동 문제의 가장 기본적인 성격 중에 하나가 정서가 성숙되지 못한 것이기 때문이다. 따라서 과잉보호는 정서 미성숙에 의한 여러 가지 행동 문제 특히 퇴행적, 비사회적 문제를 초래하게 된다. 그 예로, 편식, 소식 등의 식사 문제, 유뇨(遺尿), 변비 등의 배설 문제, 손톱 깨물기, 틱(tics) 등의 신경성 습벽관 등의 퇴행적 행동을 들 수 있겠다.

또한 기타 등교 거부 등의 신경성 증상도 발생시킬 수 있다. 또한 싸움질, 도벽, 거짓말 등의 반사회적, 공격적 문제도 있다. 그리고 정서 미성숙으로 인하여 건전한 자아가 확립되지 못했기 때문에 성인이 되어서도 의존적 태도를 버리지 못하여 독립된 인간으로 생활하지 못한다.

4) 가정 내에 있어서의 아버지의 역할

현대의 많은 가정들은 위기에 시달리고 있다. 그중 하나가 아버지 역할이 흔들리면서 여러 가지 문제점을 보이는 것이다. 경제적 주체로서의 역할을 수행하기 위해, 그리고 급변하는 사회체제에서 도태되지 않기 위해, 중압감에 시달리며 열심히 일하지 않으면 안 되는 것이 현대를 살아가는 아버지의 모습이다. 따라서 가족을 위한 시간은 경제적 논리에 의하여 줄어들 수밖에 없다. 하지만 현대는 자녀의 도덕성 발달 및 가족 내의 질서를 위해 가족 안에서의 아버지 역할은 더욱 절실히 요구되는 실정이다. 아버지가 제대로 역할 수행을 하지 못할 때 가족은 위기에 봉착하게 된다. 그러므로 현대 가정에서 아버지 역할에 대해 자세히 살펴보기로 한다.

(1) 아버지 역할

최근 스네리(Snarey, 1993)의 생산적인 아버지 역할개념에 관심이 모아지고 있다. 이 모델의 주요 개념은 생산적인 역할에 대한 아버지의 책임감에 대해 언급하며, 생산적인 역할을 이끌 수 있는 능력을 아버지들이 가지고 있다는 것이다.

아버지는 윤리적 역할, 자원조달의 역할, 발달의 역할, 관계의 역할 등 아버지가 해야 할 생산적 역할을 수행해야 한다는 것이다.

즉 생산적 아버지가 되기 위해서는 다음 세대가 요구하는 것에 적절히 반응하여 안전한 환경을 추구하는 방법으로 활동을 선택하고 위임해야 하며, 자녀에게 물질적·정신적 자원과 기회를 제공하기 위해서 헌신하는 자세가 필요하다. 그리고 지지적인 태도를 유지하고 다양한 상황에 적응하며, 자녀를 양육해야하며, 지속적인 애정과 이해로써 자녀와 관계를 맺고 의사소통을 해야 한다. 그리고 이러한 역할을 수행하면서 도덕적이며 생산적이고 성숙적인 그리고 애정적인 아버지가 되도록 노력해야 한다.

이 같은 아버지의 책임과 능력은 자녀를 위해 해야 하고 하기를 원하며 할 수 있는 그리고 실제로 하는 필수적인 것이다. 빌헬름 부슈(Wilhelm Bush)는 '아버지가 되기는 쉽지만 아버지 노릇을 하기는 어렵다'는 말에 대해 현대의 아버지들은 깊이 생각해 봐야 할 문제이다.

(2) 아버지의 부재

아버지의 부재, 가정생활이나 육아에 대한 태도, 아동과의 심리적 관계가 자녀의 인격형성에 어떤 영향을 미치느냐에 대해서 많은 연구가 있어야 한다고 생각된다. 현대 가정에서 아버지가 사망이나 이혼으로 부재한 경우가 증가하고 있기도 하지만, 직업이나 기타 여러 가지 이유에서 부재한 아버지의 존재가 있기는 하지만, 사실상 아버지의 역할을 제대로 하지 못하는 경우가 점점 많아지고 있다.

아버지의 부재로 인한 영향은 크게 직접적인 것과 간접적인 것으로 구별할 수 있다. 직접적인 영향은 아버지의 존재가 제공할 수 있는 여러 가지 경험을 할 수 없는 것이다. 이는 경제적인 어려움이나 사회적 관계에서의 영향은 제외하더라도 자녀에게 있어 가장 전형적인 모델링의 대상이 결여된다는 것이다. 즉 일반적으로 아동은 발달 초기에 동일시의 대상을 양육자인 어머니를 선택하며, 여아인 경우에 그대로 관계가 지속되지만 남아의 경우에는 5세경부터는 동일시 대상을 아버지로 이행하는 것이 보통이다. 그렇기 때문에 아동기 발달에 있어 아버지의 부재는 동일시의 모델 제공이 불가능하게 되어 성역할 학습에 있어서 어려움을 겪을 수 있다는 것이다.

아버지의 부재로 인한 간접적인 영향은 남편의 부재가 어머니의 생활태도에 변화를 초래하여 아동에게 반영된다는 것이다. 이때 나타나는 어머니의 성격은 적극적인 어머니와 소극적인 어머니이다. 적극적인 어머니는 현실에서 도피하지 않고 이상이나 목표를 향해서 적극적으로 돌진하려고 한다. 또한 자녀를 위하여 남편에게 기대할 수 있는 역할까지 자쇠 도떠맡아 더욱 굳건한 모습을 보이려 한다. 이러한 생각 때문에 자녀에 대해서 어머니인 동시에 아버지가 되려고 한다. 이렇게 되면 자녀의 눈에는 그전의 어머니와는 다른 모습으로 비치게 된다. 이러한 어머니의 태도로 인해 반항적이 되기도 하고 퇴행적이 되기도 한다. 이에 비해 내성적인 성격의 어머니는 소극적인 어머니가 되기 쉽다. 현실에서 도피하여 자녀들에게 나약한 모습을 보이기 쉽고 남편의 사망으로 인해서 자기마음속에 생긴 큰 공허함을 보상하기 위해 애정을 자녀에게만 집중함으로써 과잉보호의 모친이 될 가능성이 높다.

아버지가 장기 출장 등에 의해서 유아가 아버지와 장기간 접촉할 수 없는 경우에도 부모-자녀의 발달에 영향을 미치기 쉽다.

(3) 이상적인 부모상

이상적인 부모의 조건에는 생물학적 요인 외에도 부모가 갖추어야 할 여러 가지 심리적 자세가 필요하다. 자녀에게 심리적 안정을 제공하고 건강한 인격형성을 이루게 하기 위한 바람직하고 이상적인 부모가 되기 위해서는 몇 가지 실천사항이 있다.

① 아버지의 참여

아버지와 자녀와의 관계는 아주 독특한 것이다. 라딘(Norma Radin)은 아버지들은 놀이성이 강하고 신체적이며 아주 특별하고 흥미진진한 형태의 거칠게 뒹구는 놀이를 하는 경향이 있다고 하였다. 이런 접근이 어머니의 언어 중심적인 보호적 양육태도를 보완해 준다.

② 아동에 대한 인식

아동에 대한 이해의 폭을 넓혀 자녀와 자연스러운 활동 및 놀이를 함께 하고 부모 자신의 어린 시절의 감정을 되살릴 수 있는 기회를 갖도록 한다. 즉 직접적으로, 아동과 자연스럽게 얘기할 수 있는 기회를 자주 만들어 함께 놀이를 하면서 자녀와의 공감대를 넓히도록 노력한다. 간접적으로는 자녀들의 글이나 그림 등을 살펴 거기에 나타난 감정을 이해해주고, 일관성 있는 태도로 자녀 양육에 참여해야 한다. 아동에 대한 인식이란 부모가 자녀들의 성격을 이해하고 성장과정에 대해 파악하며 아동의 경험에 대해 인식하고 있어야 한다는 것이다. 부모는 자녀들의 생활 속에 어떤 사건들이 일어나고 있는지를 알아야 할 뿐 만 아니라 어떻게 생각하며 느끼고 있는지 그리고 그런 사건들에 대해 어떤 반응을 보이는지를 알고 있어야 한다.

③ 자녀에 대한 시각변화

자녀에 대한 시각을 변화시켜야 한다. 즉 아동을 성인의 축소판으로 생각하는 사고에서 벗어나 자녀의 개성을 인정하고 각자의 장점을 개발하고 신장시킬 수 있도록 지원해주는 마음가짐이 필요하다.

피아제(Piaget, 1956)는 가장 초기의 시간경험은 수유를 기다리는 동안에 갖게 되는 감각운동인식에서 생긴다고 말하고 있다. 유아는 4세부터 서서히 과거와 미래의 양방에 시간의 개념을 넓혀가는 능력을 발달시킨다. 그리고 자신이 가지고 있는 시간개념과 주위에 있는 타인의 시간개념과 비교하기 시작하는 7세경에 개념의 발달에 비교변화가 일어나 구체적 조작을 행할 수 있게 된다. 구체적 조작의 단계에 있어서 유아는 지금 여기라는 현재를 주로 해서 모든 것을 취급하려는 경향이 있지만 아동기에 접어들면 형식적 조작의 출현으로 미래의 시간 개념에 대해 알게 된다. 르윈(Lewin)의 이론은 다른 어떤 이론가보다 시간의 분석에 대해서 비교역할을 했다. 시간적 전망의 확대는 발달을 통해서 일어나는데 아동들은 시간적 전망이 좁아 아주 가까운 과거나 아주 가까운 미래만을 인지하고 있다. 이렇게 시간적 전망이 좁은 것은 일반적으로 미발달이라고 불리는 행동의 특징이다. 유아기 때 생활공간의 사건들은 그 시기의 행동과 태도행동과 태도행동게 된다. 시간적 전망의 이론에서 보았듯이 유아의 성장에는 무엇보다도 충분한 시간이 필요하다. 그런데 성급한 부모들은 짧은 시간내의 아동이 급성장하기를 바라고 있다. 이러한 부모들의 성급하고 즉흥적인 교육이 유아의 성장가능성을 망치고 있다는 것에 주의해야겠다.

④ 자신감 제공

자녀에게 자신감의 중요성을 강조하면서도 때때로 부모들은 무의식적으로 자녀에게 자신감이 아닌 좌절감을 안겨주는 경우가 많다. 자녀들에게 무심코 던지는 말에 깔려있는 감정관계나 인간관계로 인하여 생기는 암시적인 작용을 고려하여야 한다. 특히 아동은 부모가 무심코 던지는 말에 크게 영향을 받고, 있는 그대로 믿는 경우가 많다. 따라서 아동에게 '너는 틀려먹었어', '너는 바보야', '너는 머리가 나빠'라고 말했을 경우, 그 동기나 목적이 설령 자녀를 격려하려는 의도에서 나왔다고 해도, 아동에게는 부정적인 자기암시를 심어주는 결과가 되어 뻗어나가려는 아동의 성장력에 제동을 거는 결과가 된다. 특히 부모와 자녀가 밀착되어 부모자녀간의 심리적 유대가 강한 우리나라 가정에서는 좋든 나쁘든 간에 이러한 상황이 자주 일어난다. 필자가 만난 신경증세를 부이는 대학생은 그가 유아시절에 막 잠이 들려고 할 때 아버지가 '이 녀석은 형제들 중에서 제일 마음이 약하고 용기가 없는 녀석이야'라고 평하는 것을 듣고 난 후부터는 완전히 자신감을 잃고 부모의 애정에 대해서 의혹을 품게 되었다고 하였다. 이것으로 부모들의 무심한 대화가 아동에게 주는 암시효과가 얼마나 큰가를 잘 알 수 있다. 그러므로 이상적인 부모는 자녀에게 자신감을 심어주어 자녀의 동기유

발과 성취감을 격려하여야 한다.

⑤ 사회적 접촉기회 제공

자녀에게 보다 넓은 사회적 접촉의 기회를 만들어주는 것이 중요하다. 즉 여러 유형의 아이들과 접촉함으로써 사회성을 향상시켜주는 것이 필요하다. 자녀를 보호한다는 명목하에 부모의 일방적인 가치판단으로 자녀의 사회적 접촉기회를 제한한다는 것은 유연한 사고력이나 창조성을 발전시키는데 장애가 된다.

⑥ 부모의 일관성 있는 행동

부모 자신이 자연스럽고 올바른 생활을 해야 하며 성실한 삶으로 자연스럽게 자녀에게 받아들여질 수 있어야만 한다. 일관성 있는 부모 밑에서 자란 십대들은 안정감을 많이 느끼는 것으로 나타난다(Jeanne B. 1983). 즉 그러한 가정의 자녀들은 대체로 적응력이 높고 더 이지적이며 다른 사람들과 안정된 관계를 맺고 자기확신과 생동감이 넘치고, 불안이 적으며 틀에 박힌 사람이 되지 않는다.

⑦ 함께하는 시간 확대

자녀와 함께하는 시간을 늘리고 함께 놀 기회를 가짐으로써 자녀에게 기본적인 신뢰감을 형성할 수 있도록 도와주어야 한다. 사랑한다고 말로써 애정을 표현하는 것 외에도 자녀들에게 사랑한다는 사실을 행동으로 보여줄 필요가 있다. 그렇게 하는 가장 좋은 방법은 함께 시간을 보내는 것이다. 유아의 발달단계에 있어서 가장 중요한 기본적인 신뢰감은 성실한 부모와의 관계에서만 습득할 수 있다.

⑧ 솔직한 태도

부모는 자녀에게 솔직한 태도를 취해야만 한다. 꾸짖을 필요가 있을 때에는 솔직하게 질책해야 한다. 그렇지 않고 이중적인 메시지를 담아서 아이에게 핀잔을 주게 되면 체벌 이상으로 상처를 줄 수 있다.

⑨ 행동문제에 대한 태도

자녀의 행동문제에 대해서 적절한 치료적 기회를 제공해 주는 것이 좋다. 특히 문제아에 대한 징벌적 방법은 효과가 적고 부작용이 많다는 것을 다시 한번 생각해봐야 한다.

⑩ 공동의 책임

부부가 공동으로 자녀를 책임져야 한다. 어느 한쪽만 책임을 지게 되면 자녀는 양자간에서 갈등을 느끼게 될 것이다. 그러므로 부모가 함께 협력해서 자녀에게 좋은 환경을 제공할 수 있도록 노력해야만 된다.

자녀를 위해 부모가 할 수 있는 것은 서로 사랑하는 것이다. 가정은 자녀들에게 이 세상에서 가장 매력적인 곳이어야 한다. 부부의 사랑은 가정에 따뜻한 분위기를 만들어주는 원동력이다. 가정에 사랑, 관용, 용서의 분위기가 없다면 자녀들은 어떻게 사랑해야 하는지 배우지 못한다. 사랑하는 법을 알고 있는 유일한 사람은 사랑을 받았고 사랑을 보았고 사랑을 경험해 본 사람이다. 만일 가정에 이러한 사랑이 없다면 자녀들은 열등감과 공허감, 자신이 무가치하다는 느낌을 갖고 성장하기 쉽다. 부모의 결혼생활은 자녀의 결혼관에 커다란 영향을 끼친다. 그러므로 가정의 부모는 서로에 대한 순수한 사랑을 유지하고 그 사랑을 표현하는 최선의 방법을 보여주어야 한다. 이렇게 함으로써 자녀들에게 구체적이고 지속적인 참사랑의 증거를 확인시켜 줄 수 있으며 최상의 결혼준비를 제공할 수 있을 것이다.

3. 고부관계

고부관계란 시어머니와 며느리와의 상호작용 관계를 말한다. 고부관계는 혈연의 관계가 없는 타인끼리 한 남성을 매개로 하여 법적·인위적 관계를 맺은 것으로 가장 문제가 많은 가족내 인간관계로 나타나고 있다(유영주 외, 1996).

1) 고부관계의 특성

여자가 결혼하여 시가에 들어오면 며느리로서의 지위를 얻게 된다. 전통사회에서 며느리의 가장 중요한 의무는 시부모를 모시고 봉사하는 것과 집을 계승할 아들을 출산하는 것이다. 며느리가 아들을 출산하게 되면 가족 내에서의 지위도 확고해지고, 아들을 통해 시집식구들과의 감정 충돌을 완화시킬 수 있게 되며 이 때 아들은 심리적 방패가 된다. 그러나 아들이 성년이 되어 결혼하여 며느리가 집안에 들어왔을 때 어머니는 자기가 이룩한 지위에 경쟁자가 생겼다고 느껴 공격적인 감정과 태도를 가지며, 며느리가 자신과 아들간의 애정의 줄을 끊어 놓는 것처럼 생각하기도 한다. 이처럼 아들을 중시하는 부계가족의 특성 때문에 시어머니와 며느리는 근본적으로 대립관계에 있게 된다.

전통사회에서 현대사회로 변화되면서 핵가족화 되고 있으나 고부간의 문제는 여전히 큰 가족문제로 남았다. 전통적 가족규범 내에서 고된 시집살이를 경험한 시어머니와 현대의 교육을 받은 며느리간의 가치가 불일치되어 현대의 고부관계는 그 갈등을 표면화시키는 양상으로 나타나고 있다.

2) 고부갈등

(1) 고부갈등의 요인

과거에는 며느리의 일방적인 인내로 노출되지 않았던 고부간의 여러 문제가 점차 표면화되면서 고부갈등은 더 해결하기 어려운 가족문제가 되고 있다. 현대의 가족구조에서 고부갈등이 발생하는 원인은 다양하지만 유영주(1996) 등은 다음의 다섯 가지로 제시하고 있다.

① 권력 구조면에서 갈등

고부간에는 경제권, 가사처리권, 대소사 주도권 및 자녀 양육권 등을 내포하는 주부권을 둘러싸고 갈등이 일어날 수 있다. 현대로 오면서 과거 절대적으로 권력을 행사하던 시어머니의 권한이 현저히 쇠퇴하고 며느리에 대해 의존적, 협조적인 관계로 전환되어가고 있다.

② 역할 구조면에서의 역할갈등

전통가족에서 며느리의 가장 큰 의무가 시부모 봉양과 자손의 출산이었으나 오늘날 젊은 세대는 며느리로서의 역할보다 아내와 어머니로서의 역할에 더 큰 비중을 두는 경향이 있다. 과거에 자신이 며느리로서 행했던 역할을 며느리를 통해 그대로 받기를 원하는 시어머니는 며느리가 이러한 기대와는 어긋난 생각과 행동을 하게 되므로 불만을 느끼게 된다. 또한 역할 수행에서 시어머니는 모든 생활과 자녀 양육을 전통적인 방법으로 처리하려고 하나, 며느리는 새롭고 편리한 기계 문명적 방식을 택하려는 것에서 고부갈등이 유발되고 있다.

③ 애정 구조면에서의 갈등

부계 사회에서 아들에 대한 어머니의 사랑은 절대적이었다. 그러나 아들이 결혼하여 며느리를 맞이하게 되면 어머니에게 주어지던 관심이 줄어들게 되고 시어머니는 그 애정을 며느리에게 빼앗겼다고 생각하면서 며느리를 경쟁자로 보게 된다. 또한 시어머니는 여러 어려움을 겪으면서 자식을 키우고 교육시켜 왔기 때문에 아들에 대한 기대가 남달리 크다, 반면 부부 중심의 애정관계를 중요시하는 며느리들은 이러한 시어머니를 이해할 수 없는 존재로 보면서 고부간의 갈등이 심화된다.

④ 세대차이 측면에서의 갈등

시어머니와 며느리는 각기 다른 시대에 태어났으므로 생리적, 심리적, 사회적 특성이 다르고 생활환경과 경험이 다르므로 의식이나 가치관에도 차이가 있게 된다. 이로 인해 자녀양육, 가정관리와 같은 다양한 가정문제에 대해 빈번하고 다양한 고부간의 갈등이 표출되고 있다.

⑤ 이해관계 측면에서의 갈등

나이 들어 노쇠한 부모는 아들 부부에게 의존하게 되고 이것이 고부갈등의 새로운 원인이 되고 있다. 과거에는 노부모 부양이 당연시되었으나 오늘날의 며느리는 어느 정도의 대가를 받을 수 있다고 생각할 때 시부모를 모시려는 마음을 갖는 경향이 증가하고 있다. 이는 노인의 권력 자원의 감소 현상과 며느리의 통제적 지위 확보와 시어머니의 소외라는 유형으로 고부간의 갈등에 변화를 가져오고 있다.

이러한 다양한 이유로 인해 고부갈등은 점점 심화되고 있으며, 노인의 수명 연장과 젊은 세대의 개인주의는 고부갈등의 수준을 넘어 노인학대나 노인부양문제라는 사회문제를 낳고 있다.

(2) 고부갈등 해결

고부간의 갈등을 해결하고 그 관계를 개선시키기 위해서는 개인적, 가족적, 사회적으로 다양한 접근이 이루어져야 한다(유영주 외, 1996).

첫째, 개인적인 해결 방안으로 원만한 고부관계를 위해서는 시어머니와 며느리가 서로 애정과 신뢰를 바탕으로 존중하는 태도를 갖고, 항상 대화하려는 분위기를 만들어 상대방의 입장에서 서로 이해하려는 자세를 갖추는 것이 무엇보다 중요하다. 고부갈등의 문제는 어느 한편만의 불만을 제거함으로써 해결될 수 있는 문제가 아니기 때문에 양쪽에서 조화점을 찾는 것이 가장 바람직하다. 이와 더불어 아들이나 남편이 고부관계의 조정자이며 매개인으로서 역할을 얼마나 잘 수행하느냐에 따라서 그 양상이 달라진다고 할 수 있다.

둘째, 고부간의 갈등을 최소화하기 위해서는 당사자 간의 개별적인 노력뿐만 아니라 가족 전체의 측면에서 해결방안들이 모색될 필요가 있다, 고부갈등은 시어머니와 며느리가 함께 살 때 더욱 심각하게 나타나므로 다양한 거주 형태에 대한 새로운 고안이 요망된다. 며느리가 어느 정도의 자유로운 생활을 영위하면서 시부모를 모실 수 있는 준동거 형태나 딸과의 동거도 고려해볼 수 있겠다.

동거하는 고부간에는 무엇보다도 가사분담이 중요하므로 시간과 능력, 경험, 상황에 따라 적절하게 서로의 가족 역할 배분이 이루어지도록 한다. 또한 고부관계는 모든 가족 구성원에게 영향을 끼치므로 전 가족 구성원 모두가 서로 이해하고 도우려는 의식이 필요하다. 부모 세대와 자녀 세대는 서로의 생활에 경계를 적절하게 유지하여 독립적이면서 유대감을 갖는 사족 생활을 영위하도록 해야 할 것이다.

셋째, 사회적인 해결방안으로 고부갈등의 문제는 가족 내에 한정된 문제가 아니라 더 나아가 많은 여성들이 당면한 문제이기도 하므로 사회적으로 다양한 지원이 주어져야 한다. 시부모를 부양하는 며느리의 경제적 부담을 줄이기 위해서 우선 노인 자신의 노후 소득을 보장하는 제도가 확립되어야 하며, 노후의 여가생활과 평생 교육적 측면에서 노인정과 노인 대학의 활성화가 이루어져야 한다. 그리고 경로효친 사상을 현대적 의미에서 교육시키고 대중매체 등에서도 건강한 고부관계의 모습을 제시하여야 한다.

☞ 잠깐 생각해 봅시다

부모와 관련된 어린 시절 기억 중 처음으로 즐거웠던 기억은 무엇입니까? 또한 처음으로 슬펐던 기억은 무엇입니까?

4. 형제자매관계

형제자매는 같은 환경 속에서 성장한다고 할지라도 반드시 똑같은 형제자매 관계를 경험하는 것은 아니다. 같은 부모를 가졌다고는 하나, 부모로부터 똑같은 유전인자를 받지도 않았으며, 부모나 다른 가족 구성원으로부터 동일한 영향을 받는 것도 아니다. 형제자매관계는 다른 가족관계와는 달리 일반적인 인간관계이면서 서로 평생을 통해 서로 긴밀한 상호관계를 맺는 역동적인 관계라 할 수 있다.

1) 형제자매관계의 갈등

형제자매는 제3자에 의한 인정, 승인 등에 대한 경쟁심을 가지고 있으며, 특질, 성취, 외모, 다른 관심 영역에서 평가와 비교가 이루어지기도 하는데, 주로 부모와의 관계에서 비롯되기 쉬우며 편애나 부모의 일관성 여부가 관련된다. 아동들은 부모가 형제자매에게 대하는 행동들과 자신에게 대하는 부모의 행동과 비교하여 그 행동에서 차이를 발견했을 때 다른 형제자매에게 갈등을 느끼게 된다. 이에 반해 부모가 자녀들을 공평하게 양육한다고 지각할수록 아동은 형제자매간 보호심이나 친밀감이 높아지고 갈등이 줄어드는 것으로 인식하였다.

2) 출생 순위

보웬(Bowen)은 각 가족 내에서 동일한 출생 순위를 가진 자녀는 각각 독특한 성격이 일관되게 발달한다고 하였는데, 이는 가족 내에서 부모와 자녀의 상호관계가 각 자녀의 생물학적 출생 순위에 의해 영향을 받는다는 것을 의미한다.

① 맏이는 일반적으로 많은 관심을 받는다. 그리고 동생이 태어나기 전에는 관심의 초점에 있으며, 어느 정도 응석받이로 성장한다. 의젓하며 열심히 일하고, 앞에 나서려고 한다. 동생이 태어나면 자신이 좋았던 위치에서 쫓겨났음을

발견한다. 더 이상 자신이 특별하거나 특수하지 않다. 새로운 침입자가 자신의 지위를 뺏어갔다고 생각하기 쉽다.

어른과 잘 지내려고 노력하며, 자신의 지위를 뺏기지 않기 위해 권위적이며, 순응적이다.

② 둘째 아이는 태어날 때부터 관심을 다른 아이와 나누어 가진다. 전형적으로 둘째 아이는 경쟁 속에서 있는 것처럼 행동하고, 항상 압박을 받는다. 이 둘째 아동은 마치 자기가 더 나이 많은 형이나 누나를 이기기 위해 훈련 상태인 것처럼 보인다. 첫 아이와 둘째 아이의 경쟁적인 투쟁은 그들 삶의 나머지 경로에도 영향을 미친다. 나이가 어린 아동은 웃형의 약점을 찾는 요령을 발달시키게 되고(형을 비판한다) 웃형이 실패한 것을 달성함으로서 부모나 선생님으로부터 칭찬을 받기 위해 노력한다. 하나가 어떤 영역에서 재능이 있으면, 나머지 아동은 다른 능력을 발전시킴으로서 인정받으려고 노력한다. 둘째는 대부분 첫째와 반대이다.

③ 중간의 아이는 대개 곤란감을 느낀다. 한 번도 무대의 중심이었던 적이 없다. 삶이란 불공평한 것이라고 확신하게 되며, 속았다는 느낌을 많이 가진다. '불쌍한 나'라는 느낌을 가지게 되며, 문제아가 되거나 반항적이다.

④ 막내는 언제나 가족의 어린애이고, 가장 많은 관심을 받게 된다. 다른 아이들이 모두 자기보다 앞서 태어났기 때문에 막내는 독특한 역할을 하게 된다. 막내는 다른 사람이 자기 대신 자신의 생활을 만들어주기를 바라는 경향이 있어 의존적이다.

⑤ 독자는 몇 가지 맏이의 특징을 가진다. 나누어 가지거나 다른 아동과 협동하는 것을 배울 기회가 없었다. 어른들을 어떻게 다루어야 하는가를 잘 알고 있다. 독자는 어머니의 익애를 받기 쉽고, 엄마에게 지나치게 의존적이 된다. 항상 무대의 중앙에 서기를 원하며, 그 위치가 도전받으면, 그것이 불공평하다고 느낀다. 성장 한 뒤 자신이 사회에서 더 이상 관심의 중심이 아닐 때 많은 곤란함이나 갈등을 경험하게 된다.

3) 형제자매 관계의 기능

(1) 자아감 형성

동일시와 차별화의 기능을 반복한다. 아동은 형제자매를 통해 자신을 알아가며 서로의 행동을 통해 경험을 쌓고 학습하는 동일시 과정을 거치면서 자신의 가능성을 키워나간다.

이에 반해 차별화는 주체 의식의 과정으로서 다른 형제와 구별하여 자신만의 고유한 위치를 확보하는 것을 의미한다. 그러므로 형제자매로서의 자아감은 다른 형제자매들과 일정한 영역 내에서 동일시하고 또 다른 영역에서는 차별감을 가지는 이원적인 과정에 의해서 발달된다.

(2) 상호규제

형제자매는 상호규제를 통해서 공정성과 정직성을 발전시켜나간다. 이들은 서로 개방적이고 보복에 대해 크게 두려워하지 않는다. 따라서 상호작용은 보상을 극대화하고 손실을 극소화하기 위해 구체적 행동과 지도를 함으로서 서로에 대한 지도와 행동을 하게 되면 이는 서로간의 결속을 강화시키기도 한다.

(3) 중재와 교섭

부모를 대상으로 연합을 형성하여, 부모의 권위에 대항한다. 이 연합은 다른 형제자매의 균형을 유지하고 갈등을 없애기 위해 이루어진다. 부모와 교섭하는 또 다른 목적은 부모의 권력을 상쇄하기 위한 것이다. 자녀들은 혼자만의 힘으로 부모에 맞서기 보다는 연합하여 부모의 권위에 대항하게 된다.

형제자매가 부모와 교섭하는 방법은 형제자매간의 비밀을 보장하는 것이다. 형제자매집단이 완전히 부모와 폐쇄적일 때 그들은 부모가 알고 있는 것보다 서로의 행동에 대해 더 잘 알게 된다. 이 때문에 서로의 사생활을 보장해줌으로써 신뢰하게 되며 이것을 지속시키기 위해 서로에게 더 큰 유대감을 형성하게 된다.

(4) 개척과 지도

형제들 중 누군가 선도적 역할을 하는 사람이 있으며 다른 형제자매들은 그것을 따라하는 과정으로 학습한다. 개척은 그 자체로 보상을 얻게 되며, 추종자는 모방을 통해서 시행착오를 거치지 않을 수 있는 이득을 가지며 이 모방과정에서 책임을 면할 수 있다.

개척 행동은 가족 규율을 파괴, 새로운 행동 방법의 도입 등 여러 형태로 나타날 수 있다. 윗형제가 주로 이런 선도적 역할을 담당하며 이 과정을 통해서 지위나 권력을 가질 수 있게 된다.

(5) 권력관계 형성

권력은 타인에게 자신의 의지를 실현시키는 것으로 자녀의 연령이나 성에 따라 달라진다. 형제자매는 상호관계에서 권력관계를 형성한다. 형제자매 간의 권력은 각 형제자매에게 다르게 지각되는데 그것은 각 개인에 따라 비슷한 환경 내에서도 차별적인 경험을 하고 상이한 역할을 수행하기 때문이다. 형제자매간의 권력의 유형은 다음과 같은 5가지로 나누어진다.

① 보상적 권력 : 형제자매 중 누군가 보상해 줄 능력이 있을 때 갖는 권력
② 강압적 권력 : 형제자매 중 누가 벌을 줄 힘이 있을 때 갖는 권력
③ 합법적 권력 : 누군가 행동을 명령할 때 합법적으로 권리가 주어질 때 갖는 권력
④ 준거적 권력 : 동일시의 대상이 될 수 있는 형제자매가 갖는 권력
⑤ 전문적 권력 : 특별한 지식이나 기술을 가짐으로서 갖게 되는 권력

권력에서 가장 큰 영향을 주는 것은 부모로부터 받게 되는 합법성인데, 부모가 자녀에게 연령이나 성에 따라 책임을 분담하면서 부여하게 된다. 주로 웃형제가 가지게 되는데, 윗형제는 동생에 대한 지배를 지각하고 있고 동생은 윗형제의 지배를 지각하며 특히 형제자매간 연령차가 클수록 형제자매의 상대적 권

력과 지위에 대한 지각이 높다(Funmn & Buhmester, 1985).

4) 형제자매 관계의 유형

골드(Gold, 1990) 등은 성인기 이후의 형제자매 관계를 유형화하였는데, 그는 밀접성, 시기심, 적개심, 도구적인 지원, 감정적인 지원, 승인, 심리적인 관련도, 접촉의 빈도 등이 형제자매 관계를 이해하는데 중요한 요인이라고 지적하였고 형제자매 관계를 4가지 유형으로 분류하였다(김태현, 1994).

(1) 친밀형

형제자매간에 특별한 밀접성을 유지하고 빈번한 감정적인 지원을 하며 자주 접촉하고 심리적인 관련도에서도 매우 높은 관계를 유지하는 형태이다. 그리고 도구적인 지원도 빈번한 유형으로 적개심이나 시기하는 감정이 없는 유형이다.

(2) 합치형

형제자매간에 적당한 수준의 밀접성이나 심리적인 관련도를 갖고 있으며 적당한 지원 및 지지를 하는 유형이다. 시기심이나 적개심 등의 혼란된 감정을 갖지 않고 기존의 형제자매 관계를 받아들이지만 친밀형보다는 접촉의 빈도가 낮은 유형이다.

(3) 충실형

친밀도, 심리적 관련도가 낮으며, 서로에 대해 부분적 승인을 나타낸다. 적당한 수준의 적개심이니 시기심도 있고, 어느 정도의 도구적인 지원도 한다. 접촉은 빈번하지 않고 정서적인 지지도 드문 것이 특징이다. 형제자매의 수가 적고 사회적 상호작용이 많지 않은 사람들의 유형이다.

(4) 거부형

서로에 대한 거부반응이 매우 높은 유형이다. 적개심이나 시기심이 매우 높게 나타나고 접촉은 거의 드물며, 심리적 관련도가 거의 없다. 또한 이 유형에 속하는 사람들은 정서적 지지나 도구적인 지원이 전혀 교환되지 않는 것이 특징이다.

이상의 유형은 형제자매의 성별에 따라서도 차이가 있는데, 여자 형제들은 매우 밀접한 관계를 유지하는 경향이 있어 친밀형이 많고, 남자 형제들의 경우는 충실형이나 거부형이 많은 경향이 있으며, 이성 형제간은 합치형을 이루는 경향이다(김양희, 2000).

제 5 장 다양한 가족문제

제 5 장

다양한 가족문제

현대사회의 급변화는 다양한 가족유형을 등장하게 했다. 전통적인 3세대 가족이나 핵가족과 같은 일반적인 가족 유형뿐만 아니라 사회의 변화에 따라 여러 유형의 가족을 찾아 볼 수 있다. 즉, 이혼가족, 편부모가족, 재혼가족, 맞벌이 가족 등 다양한 형태의 가족이 등장했다. 이제 학자들은 "결손가족도 우리사회에서 언제든지 생길 수 있는 오늘날 다양한 가족형태 가운데 하나일 뿐"이라고 말한다. 이러한 가족형태는 선진국에서는 이미 오래 전에 출현해 하나의 보편적인 사회현상이 되었다. 우리사회 역시 오늘날 다양한 가족유형의 출현이 급속도로 이루어지고 있다는 점에서 주목할 만하다.

1. 맞벌이 가족

1) 맞벌이 가족의 개념

맞벌이 가족은 부부가 함께 경제활동에 참여하는 가족유형으로, 기능적인 측면이나 가족관계 측면에서 새로운 가족형태임에는 틀림없다. 더구나 맞벌이 가족은 가족의 내부적이고 규범적인 변화, 즉 가족의 역할분담이나 가족 이데올로기의 변화까지 포함한다는 점에서 중요한 변화라고 하겠다(최규련, 1991).

맞벌이 가족은 여성이 직업을 선택한 동기에 따라 수반되는 문제의 질이 다를 수 있다. 직업을 가지는 이유가 경제적인 것인지 또는 자기 발전을 위한 것인지에 따라 맞벌이 가족의 유형을 크게 두 가지로 분류할 수 있다(박충선, 1991). 첫 번째는 생계유지형 맞벌이 가족으로 가족의 경제적 필요성에 의하여 기혼여성이 비자발적인 취업을 하는 형태를 말한다. 두 번째는 자아실현형 맞벌이 가족으로, 중산층 이상 고학력의 여성들이 취업을 통하여 자아를 실현시키고, 근대적인 성역할 태도에 입각하여 평등한 부부관계를 정립하려는 형태를 말한다. 그 외에 생계 위협을 받지는 않지만 가족의 보다 나은 경제적 여유를 위하여 취업을 하는 경우나, 남편의 학업이나 출세를 위하여 여성이 생계를 담당하는 내조형 맞벌이 가족도 있다. 이 유형은 여성이 취업을 하였지만 성역할 태도는 매우 보수적이며 남편에 종속된 위치를 수용한다.

2) 맞벌이 가족의 발생원인

맞벌이 가족 발생의 직접적 원인은 여성의 경제활동 참여이다. 최근 들어 여성의 경제활동이 증가하게 된 원인은 크게 개인적인 측면과 사회구조적인 변화의 측면을 들 수 있겠다.

(1) 개인적 측면

① 경제수준의 향상에 대한 욕구

남편 이외의 수입원을 가짐으로서 가정의 경제적 수준을 향상시키고자 하는 욕구와 생활수준 향상을 누리기 위해, 또는 지속적인 지출에 의한 경제적 필요성에 의해 취업을 하게 된다.

② 여성의 태도 변화

남성에 대한 동등의식과 자아실현에 대한 욕구가 여성의 취업 동기로 강하게 작용한다. 즉, 가사노동은 보람 없고, 무가치하며 사회적으로 인정되지 않는다는 잘못된 가치관으로 인해 무보수의 가사노동보다 보람 있는 일을 하고 싶다는 욕구가 여성의 경제활동을 증가시켰다.

(2) 사회구조적 측면

① 가족구조 및 기능의 변화

가족크기가 축소되어 자녀 양육기간이 짧아지면서 가족생활주기의 변화가 나타났으며, 더불어 가사노동량도 감소되어 기혼여성의 취업의욕을 증진시키게 되었다.

또한 전통적으로 가정 내에서 담당해 왔던 기능이 사회의 여러 전문기관으로 분담되어 가정내 여성의 부담이 줄어들게 되었다.

② 사회인식의 변화

여성 취업에 대한 사회적 인식이 점차 긍정적으로 바뀌어 가는 것이 여성의 경제활동 참여를 촉진시켰다.

3) 맞벌이 가족의 문제

여성의 경제활동 증가라는 사회적 현상의 변화에 발맞추어 가정내 여성 역할에 대한 인식의 변화가 제대로 생겨나지 않았다는 점이 취업주부의 어려움을 가중시키고 있다. 다음에서는 맞벌이 가족이 갖는 어려움에 대해 좀 더 자세히 살펴보도록 하겠다.

(1) 부부관계

맞벌이가족에게서 야기되는 가족 문제 중 부부관계가 가장 초점이 되고 있다.

즉, 부인의 취업에 따른 부부 양방의 역할과중, 기대의 불일치, 역할의 비양립, 시간제약과 관련된 스트레스 등의 문제는 부부관계의 질을 하락시키게 된다. 즉, 역할 수행으로 야기되는 스트레스가 부부관계의 질에 영향을 미친다고 볼 수 있다. 이렇게 취업여성들이 가정과 직업의 이중 역할을 수행할 때 갖게 되는 어려움을 역할긴장 또는 역할갈등이라고 한다.

성역할에 대한 고정관념이 취업여성의 역할긴장을 야기한다고 볼 수 있다. 즉, 우리사회는 가사노동, 자녀양육 및 교육, 부모 부양 등 가정 일에 대한 책임이 우선적으로 여성에게 있다는 고정관념을 갖고 있다. 가사에 드는 시간과 노력만큼 직업에 대한 시간은 제한적일 수밖에 없다는 것이 취업주부에게 역할긴장으로 작용한다. 마찬가지로 직업적 역할 수행을 위한 시간의 소비로 가정에 대한 역할을 제대로 수행하기 힘들고, 이러한 역할을 대행해 줄 사람이 없다는 것도 취업주부에게 긴장으로 작용한다.

(2) 부모-자녀관계

현실적으로 취업여성의 자녀양육을 도와주는 제도가 국가적 차원에서 제대로 이루어지지 않기 때문에 개인적 차원으로 자녀를 양육해야 하는 문제가 취업여성의 당면 어려움 중 하나이다. 실제로 이 자녀양육의 문제는 기혼여성이 취업을 포기한 가장 큰 이유로 나타나고 있으며 기혼여성의 취업률이 낮은 것도 이 때문이다(한국여성개발원, 1986). 특히 저소득층 맞벌이 가족은 경제적 문제에 급급한 나머지 아동을 방임하는 경우도 흔히 볼 수 있으며, 열악한 보육환경으로 인하여 아동의 성장발달이 손상 받는 경우도 많다.

(3) 가사노동의 관리

맞벌이 가족이 해결해야할 또 하나의 과제는 가사노동을 어떻게 관리할 것인가 하는 문제이다. 우리사회에서 가사노동은 아직까지 대부분 주부가 전적으로 맡고 있는 실정이다. 남편의 가사참여가 적은 이유는 직장일 과중과 시간 부족,

체면 유지와 고정관념 때문이다. 그렇기 때문에 맞벌이를 하는 여성은 가정 내에서 부양자의 역할을 획득하지 못하고 여전히 가정주부로서의 역할을 수행해야 한다. 따라서 우리사회에서 기혼여성은 취업으로 인해 시간이 부족할 경우에는 자신의 여가시간을 줄여서 가사활동을 담당하게 된다. 그러나 남성은 부인이 취업한다 하더라도 여가시간을 줄여서까지 가사활동에 참여하지는 않기 때문에 가사노동에 대한 갈등이 필연적으로 가족에게 대두되게 된다(장상희, 1995).

4) 맞벌이 가족을 위한 대책

(1) 가정환경의 변화

① 전통적 성역할에 대한 고정관념 탈피

여성이 가정생활과 직장생활을 병행해나가는 데 있어서 역할 긴장을 최소화하기 위하여 주부의 역할에 대한 고정관념을 탈피하여 양자간 조화를 이루기 위한 행동지침을 모색하고 수립해야 한다.

② 의사소통의 기술 습득

취업여성의 역할긴장을 줄이기 위해 맞벌이 가족이 경험하는 어려움을 부부가 함께 나누는 것이 바람직하다. 이를 위해 부부간에 원활한 의사소통과 감정표현을 할 수 있는 기술을 습득하여야 한다.

(2) 직업환경의 변화

① 육아정책 및 프로그램의 확산

취업여성이 늘어나면서 남성도 여성과 함께 가사와 육아를 담당할 수 있도록 하는 정책이나 프로그램이 사회 전반에 확산되어야 할 것이다. 이를 위해 남성의 가정적 역할을 방해하는 요인 중 하나인 직장의 근무 조건이 변화되고 남녀평등적 문화가 정착되어 남성들이 자녀교육과 가정생활 전반에 적극 참여할 수 있도록 해야 한다. 즉 남성들도 육아휴직을 사용할 수 있는 현행 법적제도를 활성화시킨다든지, 가사활동을 분담하여 취업여성의 부담을 덜어주는 등 가정에서 적극적인 참여자로서의 역할을 해야만 한다. 이는 결과적으로 맞벌이 부부의 역할갈등 해결에 도움이 될 것이다.

② 자녀양육 지원과 관련된 법적 규정의 확대 적용

현행법상 여성 근로자 300명 이상인 기업체에 대해 직장내 영유아 보육시설을 의무화하고 있는데 여성 근로자의 상당수가 소규모 작업장에서 일하는 현실을 감안하면 소규모 직장에도 보육시설을 설치하도록 법적 규정을 확대해야 이 제도의 실효성이 있을 것이다.

(3) 사회 환경의 변화

① 남녀평등의 교육환경 개선

가정, 학교와 함께 사회에서도 남녀를 평등하게 교육할 수 있도록 하는 환경을 조성해야 한다.

② 가사노동의 사회화

취업모가 안심하고 맡길 수 있는 보육시설이 필요하며, 방과후 초등학생을 포함한 청소년을 위한 프로그램의 제도화가 있어야 할 것이다. 또한 취업여성의 역할부담을 줄여주는 지원책으로 현재 시행되고 있는 학교급식이 큰 도움을 주고 있으나 위생면이나 영양면에서 여러 문제점을 안고 있으므로 이를 개선·확대하여야 한다.

③ 세제나 복지정책의 개선

우리의 세금제도나 복지정책은 기본적으로 맞벌이가족을 고려하지 않은 채 세워진 것이다. 취업여성은 근로소득세를 국가에 납부함으로써 국가의 복지정책기금에 기여하고 있음에도 불구하고 이에 상응한 혜택을 받고 있지 못하다. 따라서 자녀 육아 비용이나 탁아 비용의 일부를 국가에서 부담하는 일 등이 시급히 개선되어야 하겠다.

☞ 잠깐! 생각해 봅시다.

자신이 미래에 맞벌이 가족을 형성한다면 가사노동과 육아문제는 어떻게 할 것입니까? 구체적으로 생각해봅시다.

2. 이혼가족

1) 이혼가족의 개념

이혼이란 법률상으로 완전 유효하게 성립한 혼인을 당사자인 부부가 살아 있는 동안에 그 결합관계를 해소시킴으로써 혼인으로 인하여 발생했던 일체의 효과를 소멸시키는 것을 말한다. 그리고 이혼가족이란 이러한 이혼에 의해 축소된 가족을 말한다. 아직도 우리사회는 이혼에 대해 부정적인 시각을 버리고 있지 못하다. 즉, 이혼이라는 것은 곧 불행을 의미한다고 생각하여, 당사자는 이를 숨기고 사회는 이혼가족을 불완전한 가족으로 낙인찍어왔다. 그러나 이혼은 결혼에 대한 포기를 의미하는 것이 아니며 불행한 결혼을 더 이상 참을 수 없을 때 행복한 결혼생활로 대치하려는 희망을 의미한다고 말하기도 한다(Lamanna & Riedmann, 1991).

2) 이혼가족의 발생원인

부부와 가족을 결합시키는 데 다양한 요인들이 작용할 수 있는 것(Lamanna & Riedmann, 1991)과 같이 가족을 해체시키는 데, 즉 이혼을 하는 데에도 다양한 요인들이 작용한다.

(1) 결혼에 대한 가치관 및 의미의 변화

과거에는 결혼을 '경제적인 후원과 자녀양육에 대한 책임 등 실용적인 목적을 위한 사회적인 제도'로서 제도적인 측면을 강조해왔다(Lamanna & Riedmann, 1991). 그러나 오늘날 우리는 사랑과 애정을 보다 더 중요시하는 '관계'의 결혼 즉, 관계적인 측면을 강조하는 것으로 변화하였다. 이러한 가치관의 변화는 행복하지 않은 결혼생활은 더 이상 지속할 필요가 없다는 것으로, 이혼을 자신의 보다 나은 삶을 위한 선택으로 받아들이고 행복을 추구하기 위한 적극적인 의지의 표현으로 인식하게 된 것이다. 즉, 이혼에 대한 긍정적 시각의 증가가 이혼 증가의 중요한 원인이 되고 있다.

또한 현대사회는 개인주의·자기성취·개인 만족을 강조하게 됨에 따라 인생에서 소중한 것이 무엇인가, 내가 원하는 결혼은 어떤 것인가에 대해 끊임없이 협상하게 된다. 따라서 부부관계는 불안정해질 가능성이 크다.

(2) 여성의 경제적 자립

전통사회에서는 가정이 경제적 생산단위이자 소비단위였으므로 가족을 떠나서는 생활이 어려웠다. 따라서 경제적인 압력이 불행한 결혼도 참고 견디지 않으면 안되는 힘으로 작용하게 된 것이다. 그러나 현대는 가족의 경제적 기능이 사회화되었을 뿐만 아니라 여성 노동력에 대한 수요가 증가하게 되어 여성의 경제적 자립이 가능하게 되었다.

경제력이나 자아의식이 높은 여성은 남편에게 경제적으로 의존하고 있지 않기 때문에 결혼생활을 위협하는 심각한 문제에 부딪혔을 때 이혼이나 별거를 요구하는 경향이 높다. 이것은 부인의 취업이 결혼생활에 있어 부부간의 적응과 만족에 역효과를 미치거나 긴장과 갈등을 가져온다는 연구들에서도 잘 알 수 있다(최외선·도미향, 1990).

(3) 남녀의 성역할 갈등

성역할의 변화 특히 현대사회가 요구하는 성역할의 변화가 가정생활에서 부부 갈등을 일으키는 요인의 하나가 되었다. 사회의 변화에 따라 성역할의 태도가 변화했음에도 불구하고 남성들은 여전히 가부장제도하에서의 남성 역할을 답습하고 변화시키려 하지 않고 있다. 그렇기 때문에 가사분담이나 자녀양육에서 동등함을 주장하는 아내의 입장을 이해하지 못하여 부부간의 갈등이 야기되며 이혼을 증가시킨 원인이 되었다.

(4) 결혼에 대한 비현실적인 높은 기대

보다 실질적인 관계를 기대하는 부부들이 보다 애정석이고 표현적인 관계를 기대하는 부부들보다 결혼생활에 더 만족하는 경향을 보인다. 즉, 이혼 가정의 부부관계를 살펴보면 실제 극도로 악화된 상태라기보다는, 비현실적인 기대와 욕구를 충족시키지 못해 불만이 쌓인 경우가 많다. 이혼자들 가운데는 이혼에 대한 낭만적인 신화를 갖고 있는 경우가 있는데, 이들은 이혼을 선택하면 스트레스와 갈등이 줄어들고, 더 많은 자유의 기쁨을 누리고 자기발견의 기쁨이 올 것이라고 기대한다(Hetherington, Cox & Cox, 1977).

3) 이혼가족의 문제

이혼을 경험한 성인이나 그들의 자녀들은 이혼 후 첫 2년여 동안 여러 가지 문제를 보인다. 대부분의 경우 이러한 위기의 시기가 지나게 되면 여러 문제점을 극복하고 정상적으로 기능하게 되지만, 일부는 지속적으로 극단적인 문제행동을 보이기도 한다. 일부 아동의 경우는 성인기까지 부모의 이혼으로 인한 상처를 극복하지 못하고 여러 문제를 보이기도 한다(Hetherington & O'Conner, 1993).

(1) 역할상의 문제

이혼을 겪은 가족은 일상의 가족 상호작용과 가족 구성원들의 패턴, 생활방식을 상실하게 된다. 더구나 두 부모가 하는 과업들이 한 부모에게 몰리게 되므로 과업의 과부담을 경험하게 된다. 이러한 상황에서 이혼가족의 자녀들, 특히 딸은 어린 형제를 돌본다든가 하는 부모의 역할을 대리하는 경우가 많다. 더구나 어머니가 경제적인 문제의 해결을 위해 직업을 갖게 될 경우에는 더 많은 역할 부담을 안게 된다(Duncun & Hoffman, 1985).

(2) 경제적 문제

이혼으로 인한 경제적 어려움은 남녀 모두에게 나타나지만 그 양상에서는 차이가 있다. 특히 전업주부였던 여성의 경우는 이혼으로 인한 생계유지가 무엇보다도 심각한 문제로 등장한다. 반면 남성의 경우는 이혼시 재산분할로 인한 재산감소, 불규칙한 생활로 수반되는 지출과다 문제와 같은 상대적 빈곤감이 문제시 된다. 즉, 여성은 절대적인 경제적 빈곤문제인 반면 남성은 상대적 빈곤감으로 인한 심리적 갈등 또는 가사일을 직접해야한다는 어려움을 더 크게 받아들인다(변화순, 1997).

한편, 부모의 이혼을 겪은 자녀 중 특히 청소년은 학업을 그만두고 경제적으로 가계에 보탬이 되어야 한다는 강박감을 느껴, 역할 혼돈과 전환을 경험하게 되며, 이것이 청소년 비행을 부추기기도 한다.

(3) 신체적 · 정신적 건강상의 문제

이혼을 경험한 직후 남녀 모두는 극도의 정서적 불안, 분노, 우울, 충동적 · 반사회적 행동을 보인다. 결혼의 붕괴는 신체의 면역체계도 약화시켜 질병, 감염, 임상적인 문제나 심각한 의학적 문제를 일으키며, 심지어 죽음에까지 이를 수 있다는 연구도 있다(Kiecolt-Glaser, Fisher, Stout, Spucler, & Glaser, 1987). 그러나 이러한 증상들은 새로운 파트너를 만나 의미 있는 관계를 형성하게 되면 줄어든다(Hetherington & Cox, 1982).

(4) 자녀양육문제

자녀들의 경우 자신들의 의사와는 상관없이 부모의 이혼을 경험하게 되므로 분노, 원망, 불안, 우울로 반응하게 된다. 이러한 반응은 아동의 발달단계에 따라 다르게 나타나는데 3~6세 아동은 부모의 이혼을 자기중심적 사고로 이해한다. 즉, 자기 때문에 부모가 이혼한 것으로 생각하여 죄책감을 가질 수 있다. 5~8세의 아동들은 부모가 화해할 것이라는 비현실적인 기대를 갖고, 두 부모

모두로부터 버림 받을지도 모른다는 두려움과 비현실적인 공포감까지 느끼고 또래들에게 자신의 가정생활이 알려질까 봐 두려워한다. 9~12세의 후기 아동들은 부모의 이혼으로 인한 상실과 거부, 수치, 버림받음, 강한 분노 등을 표출하기 위해 부정적인 행동을 보이는 경우도 많다. 이들이 자라 성인이 되면 대부분 잘 적응하지만 부모의 이혼에 대한 고통스러운 기억과 감정을 내면의 상처로 갖게 된다.

그렇기 때문에 이혼의 경험은 긍정적으로 대처해 잘 적응한다 할지라도 고통스러운 경험일 수밖에 없으며, 쉽게 흘려버릴 수 없는 중요하고도 쓰라린 경험이 된다(Wallerstein & Blakeslee, 1989).

(5) 친척 및 사회관계 문제

이혼은 당사자뿐만 아니라 결혼으로 인하여 관계를 맺어온 가족과의 관계 단절이라는 결과를 가져온다. 즉, 며느리, 사위, 손자녀의 법적, 인간적 관계의 상실이 있게 된다.

또한 이혼을 겪은 사람들은 이들에 대한 사회적 편견 때문에 사회적 관계를 스스로 단절시키게 됨으로써 고립되는 경향이 있다. 특히 이혼한 여성에게 갖는 주변의 편견은 이들이 도움을 받을 수 있는 사회적 관계망을 약화시켜 더욱더 적응을 어렵게 한다.

4) 이혼가족을 위한 대책과 프로그램

이혼 후의 적응을 위한 대책으로는 다음과 같다.

(1) 부 부

- 새로운 기회로 받아들인다.
- 전 배우자와의 감정은 되도록 빠른 시일 내에 정리한다.

- 정상적이고 폭 넓은 인간관계 확립에 힘쓴다.
- 역할을 재정립하고, 경제적 자립능력을 갖기 위해 노력한다.
- 법적인 제반 문제들을 해결한다.

(2) 자 녀

- 결혼 파탄의 현실을 인식해야 한다.
- 부모의 갈등이나 걱정에서 벗어나서 일상생활을 찾아야 한다.
- 상실감을 해결해야 한다.
- 분노와 자아비난을 해결해야 한다.
- 이혼이 확정되었음을 수용해야 한다.
- 관계에 대해 현실적으로 기대해야 한다.

☞ 잠깐! 생각해 봅시다.

책이나 영화 속의 이혼에 대한 모습에 대해 생각해 봅시다. 자신은 이혼에 대해 어떤 생각을 갖고 있습니까?

3. 재혼가족

현대사회로 오면서 이혼율이 급증하고 이와 더불어 재혼가족 비율 역시 높아지고 있다. 그러나 재혼가족은 사회적으로 이를 노출하기를 꺼려하고 감추려하는 속성으로 인해 '눈에 보이지 않는 인구'로 존재해 왔다.

재혼가족은 구조적·심리적으로 핵가족과 매우 다르다. 따라서 이들만이 가지는 독특한 문제에 대한 이해와 해결책 모색이 필요하다. 앞으로 다양한 가족형태의 한 유형으로서 재혼가족과 그들 자녀에 대한 관심이 필요하며, 재혼가족 상황하에 놓이게 될 때 개인의 대처전략과 사회적인 대책이 절대적으로 필요하다.

1) 재혼가족의 개념

재혼가족은 재결합가족, 혼합가족 등의 용어들로 혼용되어 사용하고 있으며, 오늘날 가장 복잡한 가족체계의 일부를 구성한다. 즉 재혼가족은 2명의 성인과 그들 중 한쪽 혹은 양쪽에서 나온 자녀들로 이루어진 다양한 유형의 가족을 말하며 핵가족과는 매우 다른 특징을 갖는다.

2) 재혼가족의 문제

재혼가족은 일반적으로 다른 핵가족들보다 복잡한 집단이며 여러 가지 다른 특징을 갖고 있으나 이에 대한 적응을 모색하기보다는 잘못된 믿음과 고정관념을 갖고 일반 핵가족과 동일시 하려한다는 점에서 부적응이 발생할 수 있다.

(1) 재혼가족에 대한 잘못된 고정관념

재혼가족은 매우 빠른 시일 내에 가족유대와 가족애가 발달될 수 있으며, 그렇게 되어야 한다는 비현실적 기대를 가진다. 즉, 각각의 새로운 역할에 대한 적응의 기간이 필요함을 인지하지 못하고 즉시 적응이 잘될 것으로 믿는다. 이는 '즉각적인 사랑의 신화'로써 계부모들은 계자녀들에 대해 즉시 애정과 사랑을 느낄 수 있을 것이라 기대하며, 이러한 기대 때문에 즉각적인 사랑을 느끼지 못하는 계부모는 죄의식을 갖게 되고, 자신들의 양가적 감정을 부정하게 된다. 또한 계자녀에게도 자신과의 유대를 시간을 가지고 기다리기보다는 즉각적으로 유대 맺기를 강요하여 더 큰 문제 상황을 야기하기도 한다. 또한 이전 가족에서 가졌던 경험이 그대로 재현될 것이라는 생각을 갖는 경향이 많다.

한편, 재혼가족의 적응을 어렵게 하는 또 하나의 고정관념은 '사악한 계모'라는 고정관념, 즉 계모는 계자녀의 삶을 힘들게 할 것이라는 잘못된 생각이다.

(2) 복잡한 집단

재혼가족은 일반적으로 다른 핵가족들보다 복잡한 집단이다. 즉, 많은 사람들과 여러 관계로 이루어진 재혼가족이 원활하게 기능하기 위해서는 구성원들 간에 원활한 의사소통이 있어야 한다. 그러므로 가족구성원들의 문제 해결과 의사소통 기술이 더 많이 요구된다.

(3) 서로 다른 가족의 역사

핵가족에서 성장하는 자녀들은 가족의 문화와 역사를 공유하고 미래에 대해 공동의 기대를 갖는다. 이러한 가족 역사는 가족 구성원들이 가족 정체성을 확립하고 가족 유대감을 갖도록 하는데 기여한다(Goldner, 1982).

그러나 이러한 공유된 역사가 결핍되어 있는 재혼가족은 서로간의 새로운 생활패턴을 이해해야 할 뿐만 아니라 가족이라는 공동의식, 즉 공동의 정체성 확립을 위해 부단히 노력해야 한다.

(4) 부모자녀간의 유대

재혼가족이 핵가족과 구별되는 또 다른 특징은 부모자녀간의 유대가 배우자간 유대보다 더 이전에 형성되었다는 것이다. 재혼가족의 부부는 첫 번째 결혼과는 달리 주어진 과업이 많다. 즉, 부부간의 응집력 있는 결혼생활을 이루어야 되는 동시에 부모-자녀 관계를 유지하여야하며, 더 나아가 계부모와 계자녀 간에 새로운 유대를 형성해야 한다. 그 결과, 부부간의 유대는 다소 취약하여 단절되기 쉽다. 그러므로 ① 견고한 부부관계를 확립하고, ② 부부 주위의 경계들을 명료화하고, ③ 계부모가 계자녀와 관계를 잘 형성할 수 있는 방법을 찾아야 한다(Gissna et al., 1990).

(5) 기억 속에 존재하는 친부모

부모-자녀 관계에서 자녀의 친부모가 중요한 역할을 한다. 비록 자녀들이 두 가정 사이에서 왕래를 하지 않고 친부모가 생존하고 있지 않더라도 자녀들이 친부모를 완전히 잊어버리는 것은 아니다. 즉 친부모가 자녀들의 실제생활에서나 기억 속에 존재함으로써 자녀의 생활에 영향을 미치게 된다.

(6) 정서적으로 낮은 친밀감

재혼가족은 핵가족만큼 정서적으로 친밀하기 힘들며, 계부모-자녀관계 역시 친부모-자녀관계처럼 처음부터 정서적으로 친해지기를 기대하는 것은 무리라는 것을 깨달아야 한다. 이러한 가족응집성 문제는 자녀들에게 스트레스를 주며, 이에 자녀들은 정서적 유대가 있는 것처럼 가장하거나 또는 계부모에게 반항하고 멀어진다.

(7) 사회적 지지의 부족

대부분의 재혼가족들은 사회적 낙인을 피하기 위해 외부 사람들이 자신들의 재혼가족 상황을 비밀로 유지하려 든다. 그러나 이러한 방법은 재혼가족에게 도움과 격려, 도덕적지지 등을 제공할 수 있는 사회적 지지체계를 단절시킬 수 있다. 물론 아직도 재혼가족에 대한 사회적 인식에 편견이 남아있기 때문에 이들이 겪는 고통을 나눌 수 있는 사회적 지지체계가 부족한 실정이다. 그러나 낙인을 피하기 위해 재혼가족이라는 사실을 숨기는 것은 재혼가족 구성원들의 사회적인 고립을 야기할 수 있다(Pill, 1981).

3) 성공적인 재혼가족

(1) 현실적인 기대를 갖는다

성공적인 재혼가족을 형성하기 위해서는 무엇보다도 먼저 재혼가족은 초혼가족과 동일하지 않다는 현실적인 하고를 가져야 한다. 즉, 서로간의 애정과 배려가 생겨나서 관계가 진전되는 데 시간이 필요하며, 초혼가족과의 차이를 인식하고 그러한 핵가족의 틀을 강요하지 않는다. 부모들은 여유를 가지고 자녀들이 새로운 관계에 적응하도록 배려해야 한다.

(2) 상실감을 서글퍼한다

재혼가족은 이전 가족구성원의 사망이나 이혼 후에 형성되었기 때문에 그에 대한 상실감을 가지고 있다. 따라서 이들이 겪은 상실감을 표현하고 서로 인정해주는 것이 새로운 변화 과정을 받아들이는 것을 도와줄 것이다. 잘 기능하는 재혼가족의 부모들은 자녀들의 분노, 반항, 우울과 같은 반응을 수용하고 인정하며 지지적 태도를 가지고 있다. 즉, 이들이 이러한 변화에 적응하는 데는 시간이 걸린다는 사실을 인정하고 기다린다.

(3) 견고한 부부관계를 형성한다

새로이 부부관계를 형성한 부모들은 자녀들에게 미안함을 느끼거나 이전 관계의 배신이라 생각하지 않아야 한다. 오히려 보다 견고한 부부관계를 형성하는 것이 자녀들의 불안을 감소시키고 부모를 존경할 수 있는 분위기를 조성하며, 온정적인 재혼가족관계를 촉진시킨다. 특히 어려운 시기에 이를 극복해나가는 부부모델을 자녀에게 제공함으로써 자녀가 성인이 되어 자신의 부부관계를 형성하게 될 때 중요한 영향을 미치게 된다.

(4) 만족스러운 계부모-자녀관계를 형성한다

재혼가족에서는 부부관계의 견고함이 성공적인 재혼가족을 형성하는데 중요하지만 계부모-자녀관계 역시 이에 못지않게 중요한 역할을 한다. 성공적으로 재혼가족을 형성하기 위해서는 처음부터 자녀들에게 유대감을 강요해서는 안 된다. 즉, 처음에는 친부모가 보다 더 적극적인 역할을 하고 계부모는 이를 지원하며 점차적으로 유대를 맺어가는 방향으로 나아가야 한다.

(5) 만족스러운 가족문화를 확립한다

재혼가족은 서로 다른 가족 배경을 가진 구성원들로 구성된다. 즉, 이전 가족에게서 경험한 것이 서로 다르다는 것을 인정하며, 또 어느 것이 옳고 그른 것이 아니라는 것을 인식하고 융통성을 갖고 적응해 나가면서 새로운 가족문화를 만들어가야 한다.

(6) 자녀를 위해 전배우자와 협조관계를 구축한다

계부모는 계자녀의 친부모와 경쟁적인 관계를 가질 것이 아니라 자녀양육을 위해 협동적으로 관계를 형성해야한다. 이렇게 될 때 자녀는 친부모에 대한 갈등을 덜 경험하게 된다. 그러나 이러한 협조관계를 구축하기란 쉬운 일이 아니다. 우선 재혼가족의 두 배우자가 서로간의 관계가 견고하다고 느낄 때, 즉 이전 배우자와의 협조관계를 위협으로 느끼지 않을 때 가능한 것인데 우리 사회의 현실상 힘든 점이 많다.

4. 가정폭력

스트라우스와 겔스(Straus & Gells, 1977)는 사회적 폭력이 증가할수록 가정폭력이 늘어나고, 가정 내 폭력이 늘어갈수록 사회적 폭력도 증가하는 경향이 있다고 하였다. 뿐만 아니라 가정 폭력 간에는 서로 연관성이 있어 남편과 부인 사이의 폭력이 있는 경우 자녀에게도 폭력이 일어날 가능성이 높다고 하였다(조병은, 1993).

가정폭력은 가부장적 문화나 경제적 빈곤 그리고 개인적 특성 등의 복합적 요인에 의해 발생된다. 가정폭력으로 인해 학대받은 아내나 아동은 신체적·정신적인 손상을 받을 뿐 아니라 청소년 비행을 유발하기도하고, 폭력이 만성적으로 지속될 경우 정신장애나 자살, 살인에 이르기까지 그 문제는 심각하다.

이러한 가정폭력은 가족 내의 문제라고 묵인될 수 있는 분제가 아니라 사회문제로서 그 심각성을 인식하고 사회의 적극적인 대책이 요구된다. 여기에서는 가정폭력 중 가장 많은 심각성을 보이고 있는 부부폭력과 아동학대를 중심으로 가정폭력 요인과 학대받는 사람들의 문제 및 그 대책을 살펴보고자 한다.

1) 부부폭력

(1) 부부폭력의 개념

부부폭력은 배우자 사이에서 발생하는 신체적·언어적·심리적·성적 학대를 포함하는 개념으로 배우자 폭력, 배우자 학대, 아내구타, 아내 학대 등의 용어로 사용되고 있다.

워너와 브레인(Warner & Brain, 1982)은 가족 내에서의 폭력 행위, 특히 남편의 아내에 대한 폭력 행위는 규범적, 법적 한계를 초월하여 상해를 입히는 육체적 완력이라고 정의하였다(김정옥, 1993). 부부폭력에는 표현적 폭력과 도구적 폭력의 두 가지 형태가 있다. 표현적 폭력은 스트레스와 분노를 부적절하게 표출하는 방법으로 사소한 일 때문에 단기간 감정이 표출되는 것으로 시간이 지나면서 폭력 수준이 상승될 가능성은 거의 없다. 반면 도구적 폭력은 심한 폭력인 구타가 일주일에 한 번 이상 일어나고 시간이 지나면서 그 심각도가 상승하는 경향이 있다. 거의 일방적으로 남편에 의해 시작되고 대부분의 아내들은 맞대응하지 않는다. 이런 유형의 폭력은 배우자를 성공적으로 통제하고 그 통제를 과시하려는 자신의 욕구를 성공적으로 충족시키기 위하여 신체적·정서적·경제적 학대 등의 다양한 전략을 조합하여 사용하는 것이 특징이다(최규련, 1997).

(2) 부부폭력의 발생요인

부부폭력은 복합적인 요인들이 작용하여 일어나며, 그 요인은 다음과 같다(옥선화·정민자, 1995).

① 사회요인

사회의 가치가 남녀 불평등 의식을 가지고 있고 여성을 남성에게 존속시키는 사회, 힘의 행사가 남성다움으로 미화되는 사회, 또는 폭력이 묵인되는 사회는 개인의 폭력에 영향을 미칠 수 있다. 즉 사회의 규범, 관습, 가치관이 가족 갈등과 불화의 해소책으로서 부부폭력을 암암리에 허용하는 측면이다.

② 가족요인

폭력 남편의 상당수가 폭력가정 혹은 결손가정에서 자랐으며, 특히 폭력적인 아버지와 매 맞는 어머니 밑에서 자란 경우 폭력남편이 될 확률이 높다. 폭력 남편으로 파악된 대상 중 폭력을 관찰하였거나 경험한 경우 폭력을 행사할 확률이 70%로서 폭력의 세대 간 전이를 입증하고 있다(김광일, 1988).

③ 개인요인

개인의 인성적 특성이 부부 폭력을 유발한다는 점이다. 폭력 사용자가 정신질환을 가지고 있거나, 미성숙한 성격이나 반사회적 성격, 폭발인격일 경우 부부폭력에 영향을 준다. 또 아내 구타자의 90%가 폭음자이거나 알코올 중독자, 도박 중독자이다.

부부폭력은 한 요인에 의해 단순히 설명되기는 어려우며 이들 요인들이 복합적으로 작용한다고 보아야 할 것이다.

(3) 부부폭력의 문제점

부부폭력은 집안일이라는 일반적인 통념으로 은폐되거나 간과되어 왔고, 어디까지를 폭력으로 간주하여야 하는 기준에 차이가 있기 때문에 부부폭력을 명확히 규명하기가 어렵다.

우리나라의 경우, 형사정책연구원(1992) 조사에 의하면 결혼기간 중 남편의 폭력을 경험한 적이 있는 여성은 45.8%이며 지난 1년 동안 아내가 남편을 폭행한 경우는 15.6%이었다. 폭행당한 여성 중 37.3%가 결혼한 지 1년이내 첫 폭행을 경험하였다.

아내에 대한 남편의 폭력은 한번 발생하면 반복적으로 습관적이 되기 쉬워서 피해자는 심리적 손상뿐 아니라 신체적 부상을 당하거나 생명의 위협을 받게 된다. 또한 구타를 당하면서 참고 사는 아내의 대부분이 남자에게 순종해야 한다는 생각을 가지고 있으므로 남편의 폭력에 적절히 대처하지 못하고 무기력하게 되기도 한다. 즉, 남편의 행동 변화보다는 자신의 행동을 변화시켜야만 남편의 행동이 교정될 수 있다고 믿으며, 이러한 수동적 태도가 오히려 자기 파괴적인 행동으로 나타나고 죄책감으로 고통 받으며 살아가게 된다(유영주, 1995).

학대받은 아동은 학대하는 부모로부터 스스로 떠나기 어려우나, 학대받는 부인은 떠날 수 있음에도 불구하고 결혼관계를 지속하려는 경우가 많다. 이는 자녀문제나, 다른 사회적 자원이 부족하거나 대안이 없어서 그 상황에 머무르게 됨으로서 폭력을 더욱 악화시킨다는데 문제가 있다. 부부폭력은 폭력을 당하는 아내에게만 영향을 주는 것이 아니라 그 자녀에게도 영향을 주게 된다. 자녀들이 부부폭력에 노출됨으로써 이들이 성장 후에 학대자 또는 피학대자가 되는 세대를 통한 폭력의 대물림 현상을 보이게 된다. 즉, 부모로부터 직접 학대를 경험한 경우보다 부모의 폭력을 관찰하면서 성장한 경우 학대자가 되는 비율이 더욱 높다는 것이다(Douglas, 1991).

(4) 부부폭력에 대한 대책

1998년 '가정폭력 방지법'이 제정됨에 따라 지금까지는 거의 법적으로 보호받지 못했던 피학대자가 법의 보호를 받고 가해자가 처벌을 받게 되었다. 이 법을 계기로 부부폭력 및 아동구타가 좀 더 표면화되고 이에 대한 적극적인 개입이 이루어지게 되었다. 부부폭력을 위한 대책은 이를 예방하는 측면과 치료적인 측면으로 나누어 살펴볼 수 있다(이소희 외, 1998).

① 예방적 측면

예방적 측면은 부부폭력의 원인을 중심으로 접근할 수 있다.

첫째, 부부 폭력의 주요 요인이 되는 사회문화적 규범과 가치의 변화가 가장 기본적인 예방책이다. 즉, 남녀불평등과 가부장제 제도로 인한 지배적이고 폭력적이며 권위적인 남편의 지위개념을 변화시켜야 한다. 학교 교육프로그램, 여성단체를 통한 의식개혁 운동, 대중매체를 통한 가부장제 문화를 타파하도록 유도하여야 하며, 가정폭력의 심각성과 그 피해를 인식할 수 있는 교육과 계몽이 이루어져야 한다.

둘째, 항상 피학대자를 보호해 줄 수 있는 상담 및 보호 서비스가 주거지역을 중심으로 효율적으로 제공되어야 한다.

② 치료적 측면

첫째, 남편의 아내 폭력에 대한 현실성 있는 제재 법규의 보완과 피학대자에 대한 법적 보호의 강화가 필요하다. 대표적인 것이 가정폭력방지법이다.

둘째, 상담 및 교육서비스가 주거지역 중심으로 공급·확대되고 질적 서비스가 제공되어야 한다. 우리나라는 부부상담소와 복지기관을 중심으로 부부상담 및 치료서비스가 제공되고 있고 보호소로서 쉼터 등이 있으나 질적 서비스 제공을 위한 체제가 조직되어 있지 않으며 그 수 또한 절대적으로 부족하다.

셋째, 피학대여성에 대한 기본적 생계보호가 이루어져야 극심한 위기상황에서 벗어날 수 있다. 학대받은 아내와 그 자녀가 정착할 수 있는 독립된 주거장소와 이들의 생계유지를 위한 직업 알선 서비스 및 직업 훈련 기회 등이 확대되어야 한다.

넷째, 의료서비스체계를 만들어 아내폭력에 대한 면밀한 조사와 개입, 치료가 전문 의료진에 의해 제공될 수 있어야 한다.

2) 아동학대

(1) 아동학대의 개념

길(Gil, 1979)은 "아동학대란 주 양육자 및 주위의 모든 환경이 아동의 적절한 발달이나 복지의 보장을 저해할 가능성이 있거나, 현재 저해하고 있는 발달 영역상의 손상을 말한다"라고 정의하였다(이경희 외, 1996). 이는 아동에 대한 직접적이고 신체적인 학대뿐 아니라 아동의 발달을 저해하는 아동방치나 방임도 포함하는 것이다. 아동학대는 일반적으로 신체적, 정서적, 성적 학대로 분류될 수 있다.

① 신체적 학대

신체적 학대는 아동에 대한 양육자의 의도적인 신체적 상해를 의미하며 최근에는 아동에 대한 부당한 노동력 착취를 포함하기도 한다.

② 정서적 학대

정서적 학대는 정의하기가 모호하지만 주로 양육자의 위협과 공포적인 행동으로 인하여 아동이 정신적으로 모든 의욕을 상실할 수 있는 상태를 말한다. 즉, 아동이 양육자의 극심한 차별, 언어적, 정서적 위협, 방임, 감금, 기타 가학적 행위 등으로 인하여 정신적으로 심하게 손상되는 경우이다.

③ 성적학대

성적 학대란 신체 및 도구를 사용하여 아동의 성적인 신체부위를 강제적으로 손상시키거나, 또는 아동으로 하여금 성적인 신체부위를 접촉하도록 강제적으로 명령하는 것을 말한다,

(2) 아동학대의 원인

아동 학대는 여러 가지 요인에 의해서 발생하지만 사회문화적 요인, 가족적 요인, 개인적 요인으로 나누어 볼 수 있다.

① 사회문화적 요인

사회문화적 요인은 아동을 둘러싸고 있는 사회의 구조 및 문화적인 여러 측면이 아동 학대와 관련 있다고 보는 입장이다. 즉, 폭력에 대한 가치와 규범, 불평등한 사회구조, 아동이나 요보호자들에 대한 비하, 빈곤계층, 아동 양육에 대한 체벌을 허용하는 사회일수록 아동학대가 발생할 가능성이 많다. 또한 아동을 부모에 종속되는 존재로 보고 부모의 절대적인 권력을 내세우는 경우 아동학대의 가능성이 높아진다.

② 가족적 요인

부부갈등과 가족불화로 인한 가족의 스트레스는 아동을 학대하는 요인이 된다. 부모 자신이 어린 시절에 폭력가정에서 성장한 경우 폭력의 전이현상으로 자녀를 학대할 가능성이 높으며, 사회경제적 수준이 낮거나 결손가족에서 아동학대의 비율이 높다.

부모의 아동양육에 관한 기술의 부족이 자녀를 쉽게 방임하거나 학대하는 현상을 가져온다. 또한 부모의 성격이 아동학대에 영향을 미친다. 즉 부모가 미성숙하고 자기 통제력이 부족하거나 충동적이고 지배적이며, 자녀의 욕구보다 부모 자신의 정서적 욕구를 중시하는 자아 중심적 성격일 경우 아동학대를 유발한다.

③ 아동 개인적 요인

개인적 요인은 아동의 특성으로 부모의 아동학대가 자녀의 특성에 따라 차이가 있다는 것을 의미한다. 학대를 유발하는 아동의 특성으로는 고집 피우기, 울기, 사회적 반응의 결핍 등의 기질적 문제, 발달상의 결함, 심리적 장애아, 원하지 않았던 아동 등을 들 수 있다. 이러한 자녀의 특성이 자녀를 소홀히 대하거나 학대를 가하는 유발 요인이 될 수 있다.

아동학대에 영향을 주는 이들 요인은 서로 상호작용하고 악순환하면서 학대를 증가시키게 된다.

(3) 아동학대가 아동에게 미치는 영향

부모의 아동학대는 애정적이고 신뢰로운 부모-자녀관계를 저해할 뿐만 아니라 아동의 성장 이후에도 그 영향이 누적되고, 세대를 통해 폭력이 전승된다는 데 그 영향이 심각하다. 아동학대는 가정폭력과 밀접하여 아내를 때리는 남편이 자녀도 때리며, 집에서 매 맞는 아동의 80%가 다른 가족원으로부터 매를 맞고 있다(김광일, 1998).

학대받은 아동들은 반복적인 구타와 위협 및 처벌을 통하여 높은 비율의 정신병리적, 심리적, 그리고 행동상의 문제를 보이게 된다. 신체적으로 학대받은 아동들의 행동변화는 한두 가지로 특징지을 수 없으며, 권자영(1992) 등은 다음과 같이 정리하고 있다.

첫째, 전반적인 자아기능의 손실로 발달지연, 정신지체 등이 초래된다.

둘째, 반사회적 행동특성으로 공격적, 도전적, 파괴적, 충동적이며 잔인해지거나 거짓말과 도벽 등의 행동이 많아진다.

셋째, 내향적인 행동특성으로 불안, 회피, 대인접촉의 기피와 지나친 수줍음, 긴장감과 호기심이 적거나 금방 짜증을 내는 경향이 있다.

넷째, 사회적 상호작용에서 대인관계 형성이 어렵고 지나치게 주위의 관심을 끌려고 하거나 외부 자극에 대해 무관심하다.

다섯째, 자아개념의 형성에 있어서 부정적인 자아개념과 자기파괴적인 행동이 자주 나타난다.

신체적 학대로 인한 정신적 손상과 더불어 신체적으로 피부 멍들기에서 골절, 화상, 시력상실, 주뇌 손상과 사망에까지도 이르게 된다. 이와 같이 학대받은 아동들은 정서적으로 크게 위축되거나 반항적인 행동특성을 보이게 되며 신체적 장애를 수반하기도 한다.

성적 학대를 받은 아동들의 심리적 충격은 신체적 학대와는 또 다른 후유증으로 나타난다. 사우지에(Sauzier, 1989)는 성적 학대를 받은 아동의 행동 특성을 다음과 같이 열거하고 있다. 급성기에는 수면장애, 신경질, 가해자에 대한 공포심 등의 불안증세가 두드러지고, 시간이 지나면서 급성기의 증상은 조금 가라앉고 성 학대와 연관된 것으로 간주되는 증상들로 나이에 맞지 않는 행동, 관심 끄는 행동, 지나치게 매달리는 행동 등이 있고, 부모나 형제간의 다툼이 증가한다고 하였다. 또한 청소년들은 성에 관한 혼란된 행동들이나 성적 방종, 고독, 우울, 슬픔 등의 자아개념의 손상과 관련된 행동 변화가 나타난다고 하였다(안동현, 1993). 성 학대로 인한 특징적 증상과 행동은 성에 대한 관심과 행위, 임신, 신체에 대한 부정적 관념 등을 들 수 있다.

신체적·성적 학대의 결과 아동들은 심각한 정서적·심리적·신체적 손상을 겪을 뿐만 아니라 그 후유증은 아동이 성장 발달하는 가운데 지속적으로 남아있게 됨으로 학대 아동을 위한 다각적인 대책이 요구된다. 또한 아동 훈육이라는 명목아래 또는 여러 위협에 의해 은폐된 학대가 많을 것이라고 추정해 볼 때, 이러한 숨은 학대를 발견하고 효율적인 개입이 이루어져야 할 것이다.

(4) 아동학대에 대한 대책

아동학대에 대한 대책은 아동을 보호하고 가족의 기능을 회복시키는데 일차적인 목적을 두는 치료적 측면과 아동 학대를 예방하는 측면으로 나누어 볼 수 있다(이소희 외, 1998).

① 예방적 측면

첫째, 아동 학대에 대한 사회문화적 가치관의 변화를 위한 부모의식교육 실시 및 부모교육 내용을 확대한다. 아동의 훈육방법으로 체벌을 사용하는 것을 지양하고, 대중매체를 통한 바람직한 부모상과 부모역할에 대한 그리고 자녀에 대한 인식 전환이 필요하다.

둘째, 아동 학대에 대한 신고 및 조사제도의 수립이 필요하다.

셋째, 효율성 있는 아동보호는 위기상황에 대한 신속한 대처를 필요로 하므로 아동보호를 위한 경찰기관의 기능을 강화한다.

넷째, 아동의 학대 대처능력 향상 교육이 필요하다. 특히 성학대 예방프로그램 등이 널리 보급되어야 한다.

다섯째, 효율적인 의사소통을 할 수 있도록 부모 및 가족간의 상호작용 훈련이 필요하다.

② 치료적 측면

첫째, 학대가 심하여 아동의 현격한 발달적 손상이 예견되고 가족 기능의 회복이 불가능한 경우에 법적 조치를 통해 아동과 부모를 일시적, 영구적으로 분리한다.

둘째, 학대의 원인이 경제적 빈곤에 있는 경우는 경제적 향상을 위한 지원서비스를 제공한다.

셋째, 교사는 학대 아동을 발견하고 도움을 줄 수 있는 자원이므로 아동 교육기관과 교사의 참여를 증진시킨다.

넷째, 학대받은 아동과 그 가족을 위한 의료, 교육, 상담서비스를 실시한다. 아동에게는 놀이치료, 정신치료, 집단치료를 실시할 수 이으며, 가족 전체를 대상으로 가족치료 서비스 제공을 확대한다.

다섯째, 학대한 부모를 위한 부모교육 및 부모상담 서비스를 확대한다.

5. 장애인 가족

1) 장애인 가족의 개념

일반적으로 장애인은 신체 또는 정신의 장애로 인해 생활이 불편한 사람을 말한다. 장애에 대한 정의는 학문분야, 실무 등에 따라 관점이 달라진다. 구조적으로는 해부학적, 신체구조학적, 지능 및 정신적 이상성이나 상실의 의미에서 볼 때 외부에서 현저하게 드러나는 비정상적 특성을 갖는 사람들이 포함된다. 기능적인 의미에서는 자기 혼자 일상생활을 해나가는데 필요한 기능을 완전히 발휘하지 못하는 사람들을 포함하고 있다.

우리나라 장애인 복지법(1981)에 따르면 "장애인이라 함은 지체장애, 시각장애, 청각장애, 언어장애 또는 정신지체 등 정신적 결함으로 인하여 장기간에 걸쳐 일상생활 또는 사회생활에 상당한 제약을 받는 자로서 대통령령으로 정하는 기준에 해당하는 자를 말한다."라고 명시하고 있다. 즉, 장애인 가족의 개념은 앞의 장애 개념에 근거한 장애를 지닌 당사자를 포함한 가족을 의미한다고 볼 수 있으며 역시 장애의 유형에 따라 구분될 수 있다.

2) 장애인 가족의 문제

장애인 가족의 문제를 장애의 출현 시기, 장애 가족성원의 장애 유형, 장애의 원인, 장애의 정도, 장애에 대처할 수 있는 가족자원 등에 따라 다르다. 장애인 가족은 일반 가족에 비해 신체적·심리적 및 경제적 스트레스를 많이 경험하고 환자에 대한 지속적인 책임, 역할변화 등으로 환자 개인이 사회생활의 곤란 뿐 아니라 가족의 정상적인 가족 기능에도 저해 받을 것을 예상할 수 있으므로 (Bernheim, 1982), 이들 가족성원 각자의 요구에 민감할 필요가 있다.

부모들은 자녀의 장애를 이해하고 적응하기 위하여 다양한 욕구를 갖는데 장애의 원인 진단, 발달 가능성, 이를 위한 의료적 조치, 교육프로그램, 경제적 문제, 긴장과 갈등에 대처하는 방법 , 장애아를 위한 정부기관, 법, 규칙 등에 관한 정보와 도움을 전문가로부터 받기를 원한다.

특수교사를 비롯한 전문가들은 장애인 가족에 대한 서비스를 일방적으로 규정한 활동과 교육목표로서 제공할 것이 아니라 그들의 욕구와 특징의 다양성에 대해 충분히 이해하고 이를 반영하도록 하여야 한다.

3) 장애인이 가족에게 미치는 영향

① 부모에의 영향

장애아 출현의 충격은 부모에게 심리적인 상처를 주고 이는 다시 가족의 상호작용에 영향을 미친다. 부모는 자녀의 장애를 확인하는 순간부터 자녀를 거부하고 죄책감, 자책감을 느끼며 이는 다시 부모의 생활에 영향을 준다. 가령, 우울증과 같은 병리적 발달은 부모와 자녀간의 애착 형성에 부정적인 영향을 미친다는 것이다. 특히 1차 장애의 노출에 상처를 받은 중복 장애아를 가진 부모는 2차 장애가 노출되면서 전문가의 거부를 당할 때 거의 불능 상태가 되며 아동의 부가된 장애를 거부함으로써 위안을 받으려 한다. 부모의 성격, 부모의 신경증 여부와 사회의 재활 전문가로부터의 고립, 장애의 종류, 일상생활의 의존도, 사회·경제적 지위(여광응, 1988), 가족의 응집력 및 자율성(김규수, 1988) 등은 부모의 적응행동과 밀접한 관련이 있다.

② 부부에의 영향

장애아에 대한 심리적 반응과 행동장애로 인한 어려움은 실제 가족의 일상생활에, 특히 부부 생활에 부정적 영향을 주기 쉽다(Hartfield, 1978). 특히 장애아의 어머니는 모든 일상생활(옷 입히기, 목욕시키기, 대소변가리기 등)에서부터 장애아동의 요구에 적응하기에 이르기까지 영원히 전문가로서의 역할을 담당해야 하는데 이는 자칫 어머니를 고립화하거나 심리적인 부담을 준다. 또한 부정적 정서상태를 배우자에게 투사하기도 하는데 이로 인해 부부갈등이 유발되고 심지어 가족해체에 이르기도 한다. 여러 연구들은 이를 뒷받침해 주고 있는데 심한 장애아동을 갖고 있는 부모의 40%가 부부생활이 침해받는다고 느끼고, 8%는 완전히 붕괴했다고 한다. 이때 아버지의 역할이 매우 중요한데 아버지가 보다 융통적이고도 양성적 역할을 지니고 재활 활동에 참여하는 정도는 부부 유대 정도와 전체 가정에 영향을 준다(구본권, 1987).

③ 형제자매에의 영향

장애아의 형제자매들은 장애아로부터 방해 받거나 그들과 잘 지내지 못한다고 한다. 왜 이런 문제가 발생하는가? 장애아를 가진 부모는 장애아에게 관심을 집중시키고 정상적 자녀의 욕구지연, 거부, 생활에 대한 제약을 가한다. 이로 인해 정상자녀들은 욕구불만, 갈등을 느낀다(Hartfield, 1978 ; Jackson et al, 1990).

특히 장애아동이 첫 자녀일 때 그 형제자매들은 더 어려움을 겪거나 정상아동이 어머니로부터 무시당한다고 여기면 장애 형제와의 관계를 끊어버리려고 한다. 그러나 정상적인 형제자매는 장애아의 교사도 될 수 있고 부모의 책임을 나눠가질 수 있는 좋은 동료가 될 수 있다. 단, 그들에게 장애아를 돌보는 책임을 너무 많이 부여하거나 장애아의 몫까지 다하도록 요구해서는 안 될 것이다. 이러한 문제를 해결하기 위해서는 전문가들은 장애인 가족이 경험하는 갈등과 긴장, 그들의 상호작용에 대한 폭넓은 이해와 실제로 도움을 줄 수 있는 방법들을 모색해야 할 것이다.

4) 장애인 가족의 적응

장애아를 가진 부모의 반응은 부모의 성격 특성에, 사회·경제적 배경, 장애에 대한 지식, 장애의 정도 등에 따라 다소 다를 수 있으나 이들이 겪는 정서적 반응은 일련의 과정을 거친다(조윤경, 1992; Cook et al., 1987).

① 충격, 불신, 부정

자신의 자녀가 장애아라는 사실을 알게 되면서 부모들은 커다란 충격에 휩싸인다. 그런 다음 아동의 특수성을 부인하는 반응을 나타내는데, 이를 부인함으로써 장애가 사라질 것으로 오인한다는 것이다. 이런 반응은 고통스런 현실을 피하려는 자연스런 반응이다.

② 분노와 원망

지적으로는 자녀의 문제를 수용하나 정신적으로는 수용이 안 되므로 자녀 때문에 부모 자신의 개인적 · 가정적 · 사회적 목적이 방해를 받는다고 느끼면서 타인에 대한 분노와 적개심을 나타낸다. 부모들은 종종 전문가들의 '비전문성'에 대해 분개하고 교수방법이 잘못되어 있다는 비난행동을 한다. 이 단계에서 전문가들은 아동들이 성취할 수 있는 과제로서 부모들을 고무시키는 것이 필요하다.

③ 교섭과 협상

장애라는 사실에 대한 지적·정서적 수용을 하면서 '만일 내가 열심히 아이를 돕는다면 장애는 극복될 것이다'라는 신념으로 상당한 노력을 기울이지만 결국 불가피한 사실임을 인정하게 되고 수용을 하지만 좌절을 경험하기도 한다.

④ 좌절과 낙담

자녀의 상태가 별 진전을 보이지 못하면 무기력해지며 정상아로 치유될 수 없음으로 인한 손실감으로 낙담하게 된다. 부모들에게도 전문적인 상담이 필요하며 매사에 긍정적일 수 있도록 도와준다.

⑤ 장기적인 수용

부모들은 자녀의 장애조건을 있는 그대로 수용하고 적절한 효율적인 방법을 얻기 위해 노력한다. 따라서 새로운 지식 획득, 생활양식의 변화 등을 모색한다. 물론 모든 부모들이 이 단계에 도달하는 것은 아니다. 전문가들은 실질적인 기법들을 훈련하여 부모들을 강화하거나 아동의 상태에 진전이 보일 때 부모를 강화하여 정서적인 안정을 꾀한다.

5) 장애인 가족을 위한 대책과 프로그램

(1) 가족 적응 프로그램

가족을 중심으로 하는 적응 프로그램들은 직접적으로 자녀를 가르칠 수 있도록 진문가, 즉 부모교육자, 가정교사, 가정방문자로부터 훈련받게 된다.

가정 중심 프로그램은 다음과 같은 장점을 지닌다. 첫째, 학교가 가정으로 확장되어 학교교육과 가정교육 간의 연계가 가능하다. 둘째, 부모가 직접 그들 자녀를 가르칠 수 있다. 셋째, 프로그램을 각 가족의 요구에 맞도록 쉽게 개별화할 수 있다. 넷째, 프로그램은 모든 가족 구성원에게 유익하다.

가족 중심의 적응 프로그램의 특징을 살펴보면 다음과 같다.

- 부모치료 : 부모치료는 가장 전통적인 방법 중의하나이다. 부모들이 가정에서 조화를 이룰 수 있도록 장애아 문제에서 발생할 수 있는 문제를 조절할 수 있도록 도와주는 것이다. 이 방법은 부모들이 자녀들의 행동을 완전히 이해하고 그 영향력을 인지하도록 치료적인 노력과 훈련 노력이 병행되도록 한다.
- 형제의 협력 : 형제들이 부모와 일관된 행동계획에 참여함으로써 효과를 높일 수 있다고 본다. 형제 훈련을 통하여 부모와 장애형제와의 원만한 상호작용을 도모한다.

(2) 학교·기관 중심 프로그램

이는 장애아를 위한 학교나 기관에 부모가 참여하는 것으로, 지역사회, 유아원, 탁아소, 유치원 혹은 공립학교의 프로그램을 포함한다. 학교에서의 부모 참여는 다음과 같은 장점을 지닌다.

첫째, 부모는 교사에게 유용한 인적 자원이 될 수 있다. 따라서 개인적이고 개별화된 프로그램을 할 수 있다.

둘째, 부모참여는 부모와 교사간의 관계를 밀착시켜 프로그램 효과를 높인다.

셋째, 부모가 학급 활동에 참여함으로써 자녀의 발달에 직접적 기여를 할 수 있다.

☞ 잠깐! 생각해 봅시다.

책이나 영화, 전래 동화 속에서 묘사되는 재혼 가족에 대해 생각해 봅시다.

오늘 기분이 어떠세요?

〈대화학교〉

상징 프로파일

이름 :	날짜 :
성별 :	결혼여부 :
나이 : 세	

아래에 제시된 상징을 이용하여 각 칸마다 그리고 싶은 것을 그려보세요. 그린 후 각 칸에 제목을 써보세요.

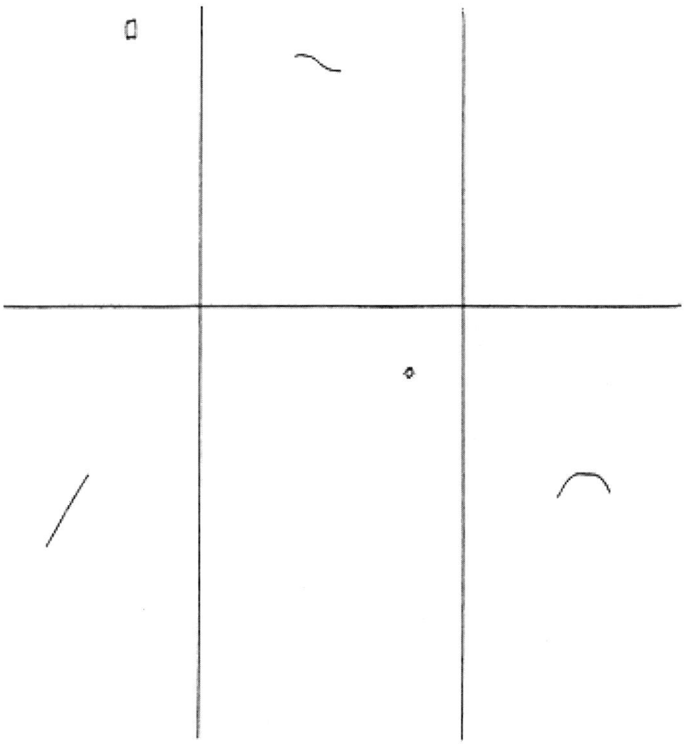

〈summer play therapy seminar 1998〉

애정척도검사

문항	질문내용	예	아니오
1	나는 첫눈에 반한다는 것이 가능하다고 생각한다.		
2	나는 한참 지난 다음에야 비로소 내가 사랑하고 있음을 알았다.		
3	우리들 사이의 일이 잘 풀리지 않으면 나는 소화가 잘 되지 않는다.		
4	현실적인 관점에서 나는 사랑을 고백하기 전에 먼저 나의 장래목표부터 생각해 보지 않으면 안된다.		
5	먼저 좋아하는 마음이 얼마 동안 있은 다음에 비로소 사랑이 생기게 되는 것이 원칙이다.		
6	애인에게 나의 태도를 다소 불확실하게 해두는 것이 언제나 좋다.		
7	우리가 처음 키스하거나 볼을 비볐을 때, 나는 성기에 뚜렷한 반응(발기, 축축함)이 오는 것을 느꼈다.		
8	전에 연애 상대였던 사람들 거의 모두와 나는 지금도 좋은 친구관계를 유지하고 있다.		
9	애인을 결정하기 전에 인생설계부터 잘 해두는 것이 좋다.		
10	나는 연애에 실패한 후 너무나 우울해져 자살까지도 생각해 본 적이 있다.		
11	나는 사랑에 빠지면 하도 흥분되어 잠을 이루지 못하는 때가 있다.		
12	애인이 어려운 처지에 빠지면 설사 그가 바보처럼 행동한다 하더라도 힘껏 도와주려고 노력한다.		
13	애인을 고통 받게 하기 보다는 차라리 내가 고통 받겠다.		
14	연애하는 재미란 두 사람 간의 관계를 발전시키면서 동시에 내가 원하는 것을 거기서 나타내는 재주를 시험해 보는 데 있다.		
15	사랑하는 애인이라면 나에 관하여 다소 모르는 것이 있다하더라도 그것 때문에 그렇게 속상해 하지는 않을 것이다.		
16	비슷한 배경을 가진 사람끼리 사랑하는 것이 가장 좋다.		
17	우리는 만나자 마자 서로가 좋아서 키스를 했다.		
18	애인이 나에게 관심을 보이지 않으면 나도 결코 행복해질 수 없다.		
19	나의 애인이 행복하지 않으면 나도 결코 행복해질 수 없다.		
20	대개 제일 먼저 나의 관심을 끄는 것은 그 사람의 외모이다.		

21	최상의 사랑은 오랜 기간의 우정으로부터 싹튼다.		
22	나는 사랑에 빠지면 다른 일에는 도무지 집중하기 힘들다.		
23	그의 손을 처음 잡았을 때 나는 사랑의 가능성을 감지했다.		
24	나는 어느 사람하고 헤어지고 나면 그의 좋은 점을 발견하려고 무지 애를 쓴다.		
25	나의 애인이 다른 사람하고 같이 있는 것 같은 생각이 들면 도저히 견딜 수 없다.		
26	나의 애인 두 사람이 서로 알지 못하도록 교묘하게 재주부린 적이 적어도 한번은 있었다.		
27	나는 매우 쉽고 빠르게 사랑했던 관계를 잊어버릴 수 있다.		
28	애인을 결정하는 데 한 가지 가장 고려해야 할 점은 그가 우리 가성을 어떻게 생각하는가 하는 것이다.		
29	사랑에서 가장 좋은 것은 둘이 함께 살며, 함께 가정을 꾸미고 그리고 함께 아이들을 키우는 일이다.		
30	애인이 원하는 것을 위해서라면 나는 기꺼이 내가 원하는 것을 희생시킬 수 있다.		
31	배우자를 결정하는 데 있어서 가장 먼저 고려해야 할 점은 그가 좋은 부모가 될 수 있겠는가 여부이다.		
32	키스나 포옹이나 성관계는 서둘러서는 안된다. 그것들은 서로 충분히 친밀해지면 자연스럽게 이루어지는 것이다.		
33	나는 매력적인 사람들과 바람 피는 것을 좋아한다.		
34	나와 다른 사람들과 사이에 있었던 일을 애인이 알게 된다면 매우 속상해 할 것이다.		
35	나는 연애를 시작하기 전부터 나의 애인이 될 사람의 모습을 분명히 정해 놓고 있었다.		
36	만일 나의 애인이 다른 사람의 아이를 가지고 있다면, 나는 그 아이를 내 자식처럼 키우고 사랑하며 보살펴 줄 것이다.		
37	우리가 언제부터 서로 사랑하게 되었는지 정확히 알 수 없다.		
38	나는 결혼하고 싶지 않지만, 나의 애인이 다른 사람에게 관심을 가진다면 참을 수 없을 것 같다.		
39	나는 질투 같은 것은 하고 싶지 않지만, 나의 애인이 다른 사람에게 관심을 가진다면 참을 수 없을 것 같다.		
40	내가 애인에게 방해물이 된다면 차라리 나는 포기하겠다.		

41	나는 애인의 것과 똑같은 옷, 모자, 자전거, 자동차 등을 갖고 싶다.		
42	나는 연애하고 싶지 않은 사람하고는 데이트도 하고 싶지 않다.		
43	우리들의 사랑은 이미 끝났다고 생각될 때도, 그를 다시 보면 옛날 감정이 되살아나는 때가 적어도 한번쯤은 있었다.		
44	내가 가지고 있는 것은 무엇이든지 나의 애인이 마음대로 써도 좋다.		
45	애인이 잠시라도 나에게 무관심해지면, 나는 그의 관심을 끌기 위하여 때로는 정말 바보같은 짓을 할 때가 있다.		
46	깊이 사귀고 싶지는 않아도, 어떤 상대가 나의 데이트 신청에 응하는지를 시험해 보는 것도 재미있는 일이다.		
47	상대를 택할 때 고려해야 할 한 가지 중요한 점은 그가 자신의 직업을 어떻게 생각하는가 하는 것이다.		
48	애인과 만나거나 전화한 지 한참 되었는데도 아무 소식이 없다면, 그에게 그럴만한 이유가 있기 때문일 것이다.		
49	나는 누구와 깊게 사귀기 전에 우리가 아기를 가지게 될 경우 그쪽의 유전적 배경이 우리와 잘 맞는지부터 먼저 생각해 본다.		
50	가장 좋은 연애관계란 가장 오래 지속되는 관계이다.		

출처 : Sternberg, 1986

참고문헌

권영석, 송격숙 역(2000). 즐거움을 위한 성, 도서출판 IVP.
권혁재 역(1999). 가정의 장래는 가장의 무릎에 달려있다. 도서출판 나침반.
김희경 · 이정숙(1997). 문제아임상심리학. 교문사.
도은미(1996). 대화학교. 도서출판 두란노.
윤종석 역(1997). 러브버스터. 도서출판 두란노.
이소희 외(2000). 현대가족복지론. 양서원.
임종원 역(2000). 말 때문에 받은 상처를 치유하라. 도서출판 미션월드라이브러리.
정동섭 역(1996). 가족치유 · 마음치유. 도서출판 요단.
정동섭(1999). 당신의 가정도 치유될 수 있다. 도서출판 하나.
정신정애의 진단 및 통계 편람 제4판. DSM-IV(1995). 하나의학사.
좋은 아버지가 되려는 사람들의 모임 · 이재택(1993). 이제는 좋은 아버지가 되자. 도서출판 여성사.
한국가족학연구회(1993). 가족학. 도서출판 하우.

Ker R.Canfield(1992). The Seven Secrets of Effective Fathers. Wheaton III. : Tyndale.
Samuel Osherson(1987). Finding Our Fathers, New York : Fawcett Columbine.
Wade Horn(1995). Father Facts, Lancaster : Pa : National Fatherhood Initiative.

찾아보기

ㅅ

ㅇ

ㅈ

ㅊ

ㅌ

저자약력

이정숙

한양대학교 대학원 가정관리학과 가정학 석 · 박사
중앙대학교 사회개발대학원 사회복지학과 문학석사
미국 Play therapy Training Ins. 연수

현재 한양대학교 대학원 아동심리치료학과 교수

저서 문제아 임상심리학(1990), 심리요법의 기술(1990), 임상교육심리학(1993), 콩심고 팥기다리는 부모(공역, 1996), 싸이코 드라마의 대부-야곱레비 모레노(공역, 1999), 현대가족과 복지(2002), 임상에서의 그림검사 해석법(공역, 2005)

개정판
가족문제

2000년 9월 23일 초 판 발행
2006년 3월 13일 개정판 발행
2012년 8월 17일 개정 5쇄 발행

지은이 이 정 숙
발행인 류 제 동
발행처 **교문사**

(우) 110-044 서울특별시 종로구 필운동 214
TEL (02) 7376-111(代)
FAX (02) 735-3343
등록 1960. 10. 28 제1-2호
홈페이지 www.kyomunsa.co.kr
E-mail webmaster@kyomunsa.co.kr

값 8,000원
*잘못된 책은 바꿔 드립니다.
ISBN 89-363-0785-1 (93590)